变电站一次设备竣工验收规范及标准

（检修专业）

广东电网有限责任公司广州供电局　编

中国水利水电出版社
www.waterpub.com.cn
·北京·

内 容 提 要

本书依据国家标准、电力行业的有关标准和规程、IEC标准及各类一次设备制造厂家的有关技术资料，根据设备的结构性能、运行原理进行编写，共包括变压器、敞开式断路器、GIS设备、敞开式隔离开关、高压开关柜、10~66kV并联电容器装置、避雷器、干式电抗器、电流互感器、电压互感器、站用交流电源系统、站用直流电源系统、中性点接地成套装置、母线、STATCOM、绝缘子和穿墙套管等一次设备的验收标准，是一本全面的一次设备验收指南。

本书适用于变电站现场工作检修专业人员及相关人员参考使用。

图书在版编目（CIP）数据

变电站一次设备竣工验收规范及标准. 检修专业 /
广东电网有限责任公司广州供电局编. -- 北京 ：中国水
利水电出版社，2020.9
　　ISBN 978-7-5170-8986-5

　　Ⅰ. ①变… Ⅱ. ①广… Ⅲ. ①变电所－一次设备－设
备检修－工程验收－建筑规范 Ⅳ. ①TM63-65

中国版本图书馆CIP数据核字(2020)第205218号

书　名	**变电站一次设备竣工验收规范及标准（检修专业）** BIANDIANZHAN YICI SHEBEI JUNGONG YANSHOU GUIFAN JI BIAOZHUN（JIANXIU ZHUANYE）	
作　者	广东电网有限责任公司广州供电局　编	
出版发行	中国水利水电出版社 （北京市海淀区玉渊潭南路1号D座　100038） 网址：www.waterpub.com.cn E-mail：sales@waterpub.com.cn 电话：（010）68367658（营销中心）	
经　售	北京科水图书销售中心（零售） 电话：（010）88383994、63202643、68545874 全国各地新华书店和相关出版物销售网点	
排　版	中国水利水电出版社微机排版中心	
印　刷	清淞永业（天津）印刷有限公司	
规　格	170mm×240mm　16开本　10印张　125千字	
版　次	2020年9月第1版　2020年9月第1次印刷	
印　数	0001—2000册	
定　价	**48.00元**	

本书编委会

主　　任　刘育权

副 主 任　饶　毅　　郭毅明　　张志文　　李　党　　朱信红

　　　　　曾文斐　　李　信　　林金洪　　林李波　　杨　琪

委　　员　陈宇昇　　蔡　蒂　　洪海程　　刘　禹　　叶建斌

　　　　　毕　凡

主　　编　周　哲　　丛培杰

副 主 编　区伟明　　邹志良　　赵浩标　　陈远军　　郭振标

　　　　　冯玉辉　　李　果

参编人员　刘　珊　　罗同春　　黄智聪　　林子钊　　张荣钊

　　　　　陈智仁　　朱　博　　朱劲磊　　丁胤喆　　李晨涛

　　　　　刘桂鸣　　乔亚军　　颜　玮　　黄健源　　关世龙

　　　　　伍　衡　　谭子健　　赵宏梅　　黎　旭　　吴　杰

　　　　　曲德宇　　刘佳伟　　谢绍聪　　胡　涛　　潘　欢

　　　　　叶　青

前　言

本书于 2017 年 2 月至 2020 年 9 月历时 3 年多编写完成，主要针对目前对变电检修专业定义广、设备型号淘汰更新速度快、施工人员工艺标准参差不齐、检修人员在验收过程中存在差异等问题，为减少施工单位、生产厂家、施工监理、验收人员标准不一导致的矛盾，特组织了具有实际经验及理论水平的专家团队编写本书，供大家参考，从而达到电网设备精益化管理的目标。

本书是依据国家标准、电力行业的有关标准和规程、IEC 标准及各类一次设备制造厂家的有关技术资料，根据设备的结构性能、运行原理进行编写的。本书在原有常用一次设备种类的基础上，增补了 STATCOM 等共 6 项新型设备的验收标准，填补了该领域的空白，是一本全面的一次设备验收指南。

本书在编写过程中，各专业部门、相关生产厂家以及施工单位的专家们给予了大力支持与协助，并提供了大量资料，在此一并表示感谢。

由于水平有限，错误及不妥之处在所难免，恳请读者、专家予以指正。

编者

2020 年 9 月

目　录

第

1

章

规范性引用文件

　　下列文件中的条款通过本书的引用而成为本书的条款。本书依据的文件中，凡是注明日期的，其随后所有的修改单（不包括勘误的内容）或修订版均不适用于本书。然而，鼓励根据本书达成协议的各方研究是否可使用这些文件的最新版本。凡是不注日期的引用文件，其最新版本适用于本书。

CECS 49—1993	《低压成套开关设备验收规程》
DL 408—1991	《电业安全工作规程（发电厂和变电所电气部分）》
DL 462—1992	《高压并联电容器用串联电抗器订货技术条件》
DL/T 1057—2007	《自动跟踪补偿消弧线圈成套装置技术条件》
DL/T 402—2007	《高压交流断路器订货技术条件》
DL/T 403—2017	《高压交流真空断路器》
DL/T 404—2007	《3.6kV～40.5kV交流金属封闭开关设备和控制设备》
DL/T 459—2017	《电力用直流电源设备》
DL/T 5044—2014	《电力工程直流系统设计技术规程》
DL/T 5161.2—2002	《电气装置安装工程质量检验及评定规程 第2部分：高压电器施工质量检验》
DL/T 5161.3—2002	《电气装置安装工程质量检验及评定规程 第3部分：电力变压器、油浸电抗器、互感器施工质量检验》
DL/T 5161.8—2002	《电气装置安装工程质量检验及评定规程 第8部分：盘、柜及二次回路接线施工质量检验》
DL/T 5222—2005	《导体和电器选择设计技术规定》

DL/T 603—2017	《气体绝缘金属封闭开关设备运行维护规程》
DL/T 604—2009	《高压并联电容器装置使用技术条件》
DL/T 618—2011	《气体绝缘金属封闭开关设备现场交接试验规程》
DL/T 620—1997	《交流电气装置的过电压保护和绝缘配合》
DL/T 628—1997	《集合式高压并联电容器订货技术条件》
DL/T 637—1997	《阀控式密封铅酸蓄电池订货技术条件》
DL/T 696—2013	《软母线金具》
DL/T 697—2013	《硬母线金具》
DL/T 724—2000	《电力系统用蓄电池直流电源装置运行与维护技术规程》
DL/T 781—2001	《电力用高频开关整流模块》
DL/T 782 — 2001	《110kV 及以上送变电工程启动及竣工验收规程》
DL/T 840—2016	《高压并联电容器使用技术条件》
DL/T 856—2004	《电力用直流电源监控装置》
DL/T 5044—2014	《电力工程直流电源系统设计技术规程》
DL/T 486—2010	《高压交流隔离开关和接地开关》
DL/T 596—1996	《电力设备预防性试验规程》
GB 1984—2014	《高压交流断路器》
GB 1985—2014	《高压交流隔离开关和接地开关》
GB 3906—2006	《3.6kV ～ 40.5kV 交流金属封闭开关设备和控制设备》
GB 50147—2010	《电气装置安装工程　高压电器施工及验收规范》

GB 50150—2016	《电气装置安装工程　电气设备交接试验标准》
GB 50171—2012	《电气装置安装工程　盘、柜及二次回路结线施工及验收规范》
GB 50252—2014	《电气装置安装工程　低压电器施工及验收规范》
GB 7674—2008	《额定电压 72.5kV 及以上气体绝缘金属封闭开关设备》
GB/T 12325—2008	《电能质量　供电电压偏差》
GB/T 12326—2008	《电能质量　电压波动和闪变》
GB/T 13384—2008	《机电产品包装通用技术条件》
GB/T 14549—1993	《电能质量　公用电网谐波》
GB/T 15543—2008	《电能质量　三相电压不平衡》
GB/T 16927.1—2011	《高电压试验技术　第 1 部分：一般定义及试验要求》
GB/T 17478—2004	《低压直流电源设备的性能特性》
GB/T 17626	《电磁兼容　试验和测量技术》
GB/T 19638.2—2005	《固定型阀控密封式铅酸蓄电池》
GB/T 19826—2014	《电力工程直流电源设备通用技术条件及安全要求》
GB/T 2900.41—2008	《电工术语　原电池和蓄电池》
GB/T 8349—2000	《金属封闭母线》
GB 1094.11—2007	《电力变压器　第 11 部分：干式变压器》
GB 1094.1—2013	《电力变压器　第 1 部分：总则》
GB 1094.2—2013	《电力变压器　第 2 部分：浸液式变压器的温升》
GB 1094.3—2017	《电力变压器　第 3 部分：绝缘水平、绝缘试验和外绝缘空气间隙》

GB 11032—2010	《交流无间隙金属氧化物避雷器》
GB 50148—2010	《电气装置安装工程 电力变压器、油浸电抗器、互感器施工及验收规范》
JB/T 5346—2014	《高压并联电容器用串联电抗器》
JB/T 7112—2000	《集合式高压并联电容器》
Q/CSG 1 0001—2004	《变电站安健环设施标准》
Q/CSG 1 0011—2005	《220kV ~ 500kV 变电站电气技术导则》
Q/CSG 2 0001—2004	《变电运行管理标准》
Q/CSG 211002—2018	《中国南方电网有限责任公司工程交接验收管理办法》
Q/CSG 1205019—2018	《电力设备交接验收规程》
Q/CSG 21002—2008	《110kV 及以上变电站运行管理标准》
Q/GD 001 1122.03—2007	《广东电网公司变电站二次系统防雷接地规范》
Q/GD 001 1176.03—2008	《广东电网公司变电站直流电源系统技术规范》
S.00.00.05/Q102-0006-0903-5205	《广东电网公司变电站站用交流电源系统技术规范》
S.00.00.09/G100-0014-0909-6049	《广东电网公司电网工程资料电子化移交管理规定（试行）》
SD 318—1989	《高压开关柜闭锁装置技术条件》
广电安〔2006〕10 号	《关于统一规范变电站高压设备相序标志的通知》
Q/CSG 1 205005—2016	《工作票实施规范（发电、变电部分）》
GB 26164.1—2010	《电业安全工作规程 第 1 部分：热力和机械》

第

2

章

术语和定义

1. 竣工草图

竣工草图指在设计施工图基础上，根据设计变更、现场必要的改动形成的初步竣工图纸，应保证图实相符。

2. 出厂验收

出厂验收指变电站直流电源设备在完成厂内装配、调试工作后，由设备制造单位组织，通知建设单位到厂，对设备进行出厂验收试验。

3. 中间验收

为更好控制施工质量，建设单位负责组织在施工阶段，对将要恢复的隐蔽施工及施工关键节点，进行性能指标和功能验收。

4. 竣工验收

竣工验收指设备现场安装调试完毕后，由建设单位负责组织进行的设备启动投运前的验收。应对设备的各项性能、指标、功能的正确性以及设备安装质量进行验收。

第3章

变压器

3.1　范围

本章适用于所辖变电站 110 ~ 500kV 交流电力变压器及附属设备的验收管理，35 kV 及以下电力变压器参照执行。

3.2　验收要求

（1）验收前，验收人员对验收过程中存在的风险进行辨识，制定并落实风险控制措施。

（2）验收人员根据设计图纸、采购技术协议、技术规范和验收文档开展现场验收。

（3）验收中发现的问题必须限时整改；存在较多问题或重大问题的，整改完毕后应重新组织验收。

（4）验收完成后，必须完成相关图纸和文档的校核修订。

（5）变电运行单位应将竣工图纸和验收文档存放在变电站。

（6）施工单位将备品、备件移交运行单位。

3.3　验收前应具备的条件

（1）变压器本体、附件及其控制回路已施工及安装完毕。

（2）变压器安装、调试及交接试验工作已全部完成。

（3）施工单位应完成变压器自检，并提供自检报告、安装调试报告、临时竣工图纸。

（4）变压器的验收文档已编制并经审核完毕。

3.4　验收内容

3.4.1　变压器的资料验收

新建、扩建、改造的变压器应具备以下相关资料，由该项目负责人提供，电子化图纸资料按照 S.00.00.09/G100–0014–0909–6049《广东电网公司电网工程资料电子化移交管理规定（试行）》要求执行。

（1）一次接线图（含运行编号）。

（2）设备技术协议（技术确认书）。

（3）施工设计图。

（4）变更设计的证明文件（若有）。

（5）变更设计的实际施工图（若有）。

（6）制造厂提供的主、附件产品中文说明书。

（7）制造厂提供的主、附件产品出厂试验记录。

（8）制造厂提供的主、附件合格证件。

（9）制造厂提供的安装图纸。

（10）运输过程质量控制文件。

（11）监理报告及监理预验收报告。

（12）现场安装及调试报告。

（13）交接试验报告。

（14）设备、特殊工具及备品清单。

3.4.2　变压器的设备验收

检查变压器应满足本章的要求。

3.4.2.1　检查设备数量

（1）对照设备清单，检查设备现场配置情况，应与设备清单内容

相符。

（2）对照备品清单，检查备品数量及外观，应与备品清单内容相符。

3.4.2.2 检查主要部件来源

（1）对照设备采购技术协议，检查设备主要元件来源，应与协议规定的生产厂家一致。

（2）对照设备采购技术协议，检查设备备品备件来源，应与协议规定的生产厂家一致。

3.4.2.3 外观检查

要求变压器本体及附件外观干净整洁，无凹陷破损、密封盖板完好、油漆完整。

1．检查主变本体外观

要求变压器起吊、千斤顶支撑、各阀门标识清楚，无渗漏油、无锈蚀、油漆完整美观，铭牌（包括油温曲线）标示清晰，内容齐全（所用绝缘油应注明油规格及厂家），本体二次电缆排列整齐，电缆无中间接头，各处电缆接线口密封良好，电缆标识牌应符合 Q/CSG 1 0001—2004《变电站安健环设施标准》要求。

2．检查储油柜外观

要求储油柜油位指示清晰且正确（满足温度曲线要求）、油位指示装置无破损、无渗漏油、无变形，进、出油管指示清晰。与本体连接面的螺栓连接应接地良好，必要时采用导线跨接。

3．检查有载调压开关或无载调压开关外观

检查有载调压开关：传动轴无变形、输出轴垂直、无渗漏油，挡位指示顶盖完好，有严禁踩踏标识，挡位指示清楚正确、无渗漏油，挡位操作箱密封良好。

检查无载调压开关：挡位指示清楚正确、无渗漏油。

4．检查冷却系统外观

要求冷却系统油漆完整、编号清晰、无渗漏油、风扇风叶无卡壳，油泵位置指示正确。所有阀门位置指示应一致。

5．检查气体继电器外观

要求气体继电器无渗漏油、无破损、视窗清晰、油漆完整、防雨罩完好。观察窗的挡板应处于打开位置。气体继电器安装方向标示清晰正确，坡度符合要求。

6．检查压力释放装置外观

要求压力释放装置无渗漏油。阀盖内应清洁，密封良好。压力释放装置接点应具备防潮和防进水的功能，应加装防雨罩。

7．检查套管外观

要求套管油位视窗朝向运行巡视方向、油位指示清晰正常、套管表面清洁、无裂缝、无损伤、上釉完整、无放电痕迹、无渗漏油。与本体连接面的螺栓连接接地良好。

8．检查引线外观

要求引线规格符合设计要求；引线长度适当，无散股；设备线夹使用符合规范，接触面应打磨光滑；引线相间距离和对地距离符合规程要求；连接、紧固螺栓宜采用热镀锌螺栓，安装紧固，规格符合规范；当设备接线端子与设备接线线夹采用铜铝搭接时，应采用铜铝过渡连接；接线端子表面应平整、无氧化、镀银层满足设计要求。

9．检查在线监测装置设备外观

要求接线规范、无渗漏油、视窗清晰、外观无破损或锈迹。

10．检查测温装置外观

就地和远方温度计指示值应一致。顶盖上的温度计座内应注满变压器油，密封良好。膨胀式信号温度计的细金属软管不得有压扁或急剧扭曲，其弯曲半径不得小于 50mm。记忆最高温度的指针应与实际温度的指针重叠。

11．检查控制箱（包括有载分接开关、冷却系统控制箱）外观

控制箱清洁，控制箱内各元件标识清楚，接线整齐正确、控制箱及内部电器的铭牌、型号、规格应符合设计要求，控制回路接线应排列整齐。控制箱密封良好，驱潮装置数量、功率满足制造厂技术规定，并工作正常。重瓦斯保护跳闸回路端子与正负电源之间要至少空隔一个端子。

12．检查升高座和套管 TA 外观

放气塞位置应在升高座最高处。套管 TA 二次接线板及端子密封完好，无渗漏，清洁无氧化。

13．检查本体、铁芯及夹件接地

变压器本体应在不同位置分别有两根引向不同地点的接地体。每根接地线的截面应满足设计要求。接地引线螺栓紧固，接触良好。铁芯及夹件接地引线应有利于监测接地电流。

14．检查呼吸器

呼吸器与储油柜间的连接管的密封良好，油杯油位正常，呼吸畅通。吸湿剂干燥。

15．检查铁芯及夹件接地

铁芯及夹件接地引出端子应符合设计规范，并接地可靠，端子盖密封完好，无渗漏，清洁无氧化。

16．检查运行环境

室内变压器正上方不能有风扇、照明设施，消防设施与变压器带电部位安全距离应满足安全运行的要求，室内吊环宜对应变压器套管

位置。

3.4.2.4　质量检查

1．检查本体安装质量

要求变压器基础水平、本体安装牢固，本体接地可靠、规范（应两点接地），接地引下线及其与主接地网的连接应满足设计要求，连接螺栓宜用热镀锌螺栓，紧固螺栓规格符合规范，紧固螺栓安装紧固，夹件和铁芯接地套管的接地引下线应符合规范，水泥基础无破裂，接地引线应涂黄绿色条纹。

2．检查储油柜安装质量

要求呼吸器与储油柜间的连接管密封良好，吸湿剂干燥、无变色，呼吸器油封油位应在油面线上或按产品的技术要求进行，油位指示与储油柜的真实油位相符，储油柜呼吸畅通，连接螺栓宜用热镀锌螺栓，紧固螺栓规格符合规范，紧固螺栓安装紧固。所有阀门操作灵活、所有阀门开闭位置正确清晰、阀门与法兰连接处密封良好。本体及有载开关的呼吸器连接油管分别标示正确。

3．检查有载调压开关或无载调压开关安装质量

要求有载调压开关：开关切换灵活、可靠，电动机构逐级控制性能良好，电动机构制动性能良好，位置显示装置工作正常与本体相符，就地操作手动和电动可靠，远方操作可靠，万向节接头良好，机构齿轮完好，运转正常，转动部分应加黄油，电气控制回路各接点接触良好。传动轴安装水平度符合要求，单相变压器三相调压应同步，其余应参照有载分接开关厂家的技术标准进行检查。空气已排尽。

要求无载调压开关：转动灵活、挡位正确。

4．检查冷却系统

要求所有阀门操作灵活，开闭位置正确，阀门与法兰连接处密封

良好，受力均匀，空气已排尽，风扇转向正确，油泵转向正确，油流继电器运转正常，风扇、油泵在手动、自动状态下运行正常。如有多台油泵，启动时应分时延迟启动，并检查气体继电器接点是否抖动，防止气体继电器误动。

5．检查气体继电器

气体继电器接点动作可靠，信号正确，接点和回路绝缘良好。要求气体继电器按制造厂规定留适当的升高坡度、内部空气已排尽、连接螺栓宜用热镀锌螺栓、紧固螺栓规格符合规范。轻、重瓦斯保护接点动作正确，气体继电器安装前必须按 DL/T 540—2013《气体继电器检验规程》校验合格，动作值符合整定要求；安装前的校验与继电器生产厂家校验对比相符。

6．检查压力释放装置

压力释放装置的接点动作可靠，信号正确，接点和回路绝缘良好。电缆引线在继电器侧应有滴水弯，电缆孔应封堵完好。安装单位必须进行校验，动作压力符合整定要求。

7．检查套管

要求套管安装位置正确，套管油位正常，确认爬距符合防污要求，末屏接地应良好、规范，变压器套管采用 GIS 连接方案时，应有套管末屏引出线，套管末屏可靠接地且防水防潮。变压器高压、变压器中压及中性点套管排气可通过真空注油记录确认，或验收时现场排气。

8．检查引下线

要求引下线无散股、断股，引下线规格符合设计要求，连接螺栓宜用热镀锌螺栓，紧固螺栓规格符合规范，紧固螺栓安装紧固，中性点连接导线符合设计要求，使用线夹符合规范，线夹接触面应接触良好，相间距离符合规程要求，导线对地距离符合规程要求。引线松紧适度，无明显过紧过松现象。

9．检查有载开关机构

要求接线符合工艺要求，手动及电动功能检查正常，工作状态指示正常，分接挡位指示正确，照明工作正常。机构箱门密封良好，散热孔安装位置符合要求，防止进水。加热器性能良好，安装位置与二次接线保持一定距离。

10．检查在线监测装置

要求安装符合设计要求。

11．检查升高座和套管 TA

升高座空气已排尽、连接螺栓宜用热镀锌螺栓、紧固螺栓规格符合规范、紧固螺栓安装紧固；套管 TA 二次引线连接螺栓紧固，接线可靠；套管 TA 二次绕组端子（包括绕组抽头）应全部引至变压器本体端子箱，备用绕组经短路后接地。施工单位应提供套管 TA 试验报告，检查二次极性的正确性，变比与实际相符。

12．检查测温装置

温度计动作接点整定正确、动作可靠。温度计应按规定进行校验合格。

13．检查中性点接地装置

中性点放电间隙应满足设计要求，接地可靠。

14．检查排气

油枕（可通过静压试验的记录确认）、瓦斯继电器、升高座、变压器低压套管、主油管、散热器、分接开关等均已排气。

15．检查阀门

变压器所有阀门开启、关闭状态应符合运行要求，关闭的阀门应加装封板。

3.4.3 存在问题及整改计划

对检查发现的问题进行整改，并进行重新验收，记录表格详见附录1。

第
4
章

敞开式断路器

4.1　适用范围

本章适用于安装在户内或户外并运行在频率为 50Hz、额定电压为 40.5 ~ 550kV 的系统中的敞开式交流断路器（包括 SF_6、罐式及真空断路器，以下简称断路器）的验收管理。

4.2　验收要求

（1）验收前，验收人员对验收过程中存在的风险进行辨识，制定并落实风险控制措施。

（2）验收人员根据设计图纸、采购技术协议、技术规范和验收文档开展现场验收。

（3）验收中发现的问题必须限时整改，存在较多问题或重大问题的，整改完毕应重新组织验收。

（4）验收完成后，必须完成相关图纸和文档的校核修订。

（5）变电运行单位应将竣工图纸和验收文档存放在变电站。

（6）施工单位将备品、备件移交运行单位。

4.3　验收前应具备的条件

（1）断路器本体、附件及其控制回路已施工及安装完毕。

（2）断路器调试及交接试验工作已全部完成。

（3）施工单位应完成断路器自检，并提供自检报告、安装调试报告、临时竣工图纸。

（4）断路器的验收文档已编制并经审核完毕。

4.4　验收内容

4.4.1　断路器的资料验收

新建、扩建、改造的断路器应具备以下相关资料，由该项目负责人提供，电子化图纸资料按照 S.00.00.09/G100–0014–0909–6049《广东电网公司电网工程资料电子化移交管理规定（试行）》要求执行。

（1）一次接线图（含运行编号）。

（2）设备技术协议（技术确认书）。

（3）施工设计图。

（4）变更设计的证明文件（若有）。

（5）变更设计的实际施工图（若有）。

（6）制造厂提供的主、附件产品说明书。

（7）制造厂提供的主、附件产品出厂试验记录。

（8）制造厂提供的主、附件合格证件。

（9）制造厂提供的安装图纸。

（10）运输工程质量控制文件。

（11）监理报告和监理预验收报告。

（12）现场安装及调试报告。

（13）交接试验报告。

（14）设备、特殊工具及备品清单。

4.4.2　敞开式断路器的设备验收

检查断路器应满足本章的要求。

4.4.2.1 检查设备数量

（1）对照设备清单，检查设备现场配置情况，应与设备清单内容相符。

（2）对照备品清单，检查备品数量及外观，应与备品清单内容相符。

4.4.2.2 检查主要部件来源

（1）对照设备采购技术协议，检查设备主要元件来源，应与协议规定的生产厂家一致。

（2）对照设备采购技术协议，检查设备备品备件来源，应与协议规定的生产厂家一致。

4.4.2.3 外观检查

1. 检查断路器本体外观

（1）断路器本体构架镀锌、焊接工艺符合技术要求，并有明显的接地标识。接地引线焊接长度符合要求，油漆标识正确完整，外表无锈蚀损伤。

（2）相色标识正确。

（3）铭牌安装牢固、位置正确、字迹清晰。

（4）断路器分合闸位置指示清晰正确。

（5）断路器计数器指示清晰、储能指示清晰。

（6）断路器均压电容器、合闸电阻外瓷套表面清洁、光滑完整，套管无裂缝、损伤，无放电痕迹，瓷套与法兰的结合面黏合牢固，法兰面无砂眼，结合面平整。

（7）罐式断路器 TA 二次接线完整，引线端子连接牢固，标识清晰，二次接线盒密封良好，所有封板螺栓应紧固无锈蚀。

2. 检查操作机构箱外观

（1）柜体外表无破损、无锈蚀、无变形，柜门密封良好，底板无进潮、进水、起霉变色痕迹。

（2）柜体柜内清洁无杂物，电气元件接线头及端子排应有清晰编号。

（3）柜内电气元件应有厂家铭牌和与图纸吻合的名称、符号及中文标签。

（4）各转动部分应加注润滑脂。

（5）所有开口销、卡簧状态正常。

（6）箱体无渗漏现象。

（7）二次线排列整齐，接线牢固，接头编号清晰。

3.　检查高压瓷套外观

（1）要求套管表面清洁、光滑完整，套管无裂缝、损伤，无放电痕迹，瓷套与法兰的结合面黏合牢固，法兰面无砂眼，结合面平整。

（2）法兰处无损伤、无裂纹。应采用上砂水泥胶装，胶装处胶合剂外露表面应平整，无水泥残渣及露缝等缺陷，胶装后露砂高度 10 ~ 20 mm，且不得小于 10 mm。

4.　检查引线外观

要求长度合适、接线整齐无锈蚀；软母线弧垂合适，垂度一致。接线端子表面应平整、无氧化、镀银层满足设计要求。

5.　检查密度继电器和压力表外观

要求无破损，指示清晰。

4.4.2.4　质量检查

4.4.2.4.1　检查断路器本体质量

（1）断路器本体安装牢固，固定螺栓力矩应符合厂家技术规定要求。

（2）断路器法兰面应涂密封胶。

（3）基础的中心距离及高度误差满足要求，预留孔或预埋铁板中心线误差满足要求。

（4）本体接地可靠、规范。

（5）紧固螺栓宜采用热镀锌，连接紧固，长度满足要求。

（6）断路器的传动机构联动正常，无卡阻现象。

（7）检查（三相）操动连杆及部件无开焊、变形、锈蚀或松脱。

（8）断路器分合闸指示正确、电气回路传动正确、辅助开关及电气闭锁动作准确可靠、断路器计数器动作正确。

（9）机械转动部分应加注润滑脂。

（10）SF_6 气体压力降低补气报警压力值、合闸闭锁压力值、分闸闭锁压力值满足规定值要求。

4.4.2.4.2　检查操作机构装置质量

1．气动操作机构

（1）各接触器、继电器、辅助开关等的动作应准确可靠，接点接触良好，无烧损或锈蚀；工作状态指示正常。

（2）柜内照明工作正常。

（3）分、合闸线圈的铁芯动作灵活，无卡阻；铁芯运动行程及配合间隙差值应满足制造厂的规定。

（4）安全阀动作、复位压力、自动重合闭锁信号压力和解除闭锁压力（包括压缩机启动、停止压力，断路器闭锁、解除闭锁压力）应进行空气操作压力值的试验，试验值应满足制造厂规定。

（5）当操作气压降低到闭锁压力时，能自动闭锁操作并发出低压报警信号。气压操作系统的储能时间应符合制造厂规定，并有试验记录。

（6）操作气压表指示正确，接头无渗漏，报警、闭锁标识牌指示正确；压缩空气系统的空气漏气率应满足制造厂的规定，并有试验报告。

（7）空气管道与 SF_6 气管标色应有所区别。

（8）驱潮装置数量、功率满足制造厂技术规定，并工作正常。

（9）空气压缩机油位观察窗应清晰，压缩机油无乳化、无变质，且油位应满足要求。

（10）空气压缩机传动皮带应松紧合适。

（11）气缸排水阀工作正常。

2．弹簧操作机构

（1）各种接触器、继电器、微动开关、压力开关和辅助开关的动作应准确可靠，接点接触良好，无烧损或锈蚀。

（2）机构传动部件无锈蚀、裂纹，机构内轴销无碎裂、变形，锁紧垫片无松动。

（3）检查缓冲器应无漏油痕迹，缓冲器的固定轴正常。

（4）分、合闸弹簧外观无裂纹、断裂、锈蚀等异常。

（5）机构储能指示应处于"储满能"状态，后台储能信号与现场一致。

（6）工作状态指示正常。

（7）柜内照明工作正常。

（8）分、合闸线圈的铁芯动作灵活，无卡阻；铁芯运动行程及配合间隙差值应满足制造厂的规定。

（9）合闸弹簧储能后，牵引杆的下端或凸轮应与合闸锁扣可靠锁住。

（10）分、合闸闭锁装置动作应灵活，复位准确迅速；合闸弹簧储能时，牵引杆的位置不得超过死点。

（11）分、合闸铁芯运动行程的测量及配合间隙差值应满足制造厂的规定。

（12）检查手动储能是否可靠及满足技术条件要求。

（13）驱潮装置数量、功率满足制造厂技术规定，并工作正常。

3．液压操作机构

（1）各接触器、继电器、辅助开关等的动作应准确可靠，接点接触良好，无烧损或锈蚀。

（2）工作状态指示正常。

（3）柜内照明工作正常。

（4）分、合闸线圈的铁芯动作灵活，无卡阻。

（5）油箱内部应清洁，油品符合技术规定，油位指示正常。

（6）连接管道在额定油压时，接头无渗油。

（7）机构在慢分、慢合时，工作缸活塞杆的运动应无卡阻和跳动现象。

（8）防失压慢分装置应可靠。

（9）油泵启/停、分合闸闭锁及油压异常升高或降低的微动开关接点动作正确可靠；液压表总承无渗漏，表针指示正确。预压力及油泵建压时间符合设计要求。

（10）分、合闸闭锁装置动作应灵活，复位准确迅速。

（11）驱潮装置数量、功率满足制造厂技术规定，并工作正常。

（12）油泵建压时间应符合产品技术条件要求。

4．操作检查

断路器在远方/就地操作3个分、合循环，动作应灵活无卡阻。

4.4.2.4.3　检查汇控柜质量

（1）辅助开关切换、接触良好。

（2）门框及手柄转动灵活。

（3）柜内驱潮装置接线符合工艺要求，手动功能检查正常，自动功能检查正常，工作状态指示正常。

（4）柜内照明工作正常。

（5）各间隔门面上的模拟位置指示器准确反映各元件的分、合闸状态。

（6）从柜前引入的电缆应用电缆管接头，电缆从柜下引入时要有防潮防虫措施。

4.4.2.4.4　检查高压瓷套质量

（1）瓷套瓷裙爬电距离符合设计要求。

（2）连接螺栓宜用热镀锌螺栓，紧固螺栓规格符合规范，紧固力矩符合工艺要求。

4.4.2.4.5　检查引线质量

（1）引线无散股，引线规格符合设计要求。

（2）连接螺栓、紧固螺栓规格符合技术协议规定，紧固力矩符合工艺要求。

（3）使用线夹符合规范，线夹接触面应打磨并上导电脂。

（4）导线相间距离符合规程要求，导线对地距离符合规程要求。

4.4.2.4.6　检查密度继电器和压力表质量（SF_6 断路器）

（1）SF_6 气压表指示正确。

（2）密度继电器报警、闭锁动作正确。

（3）密度继电器和压力表经校验合格、指示清晰。

（4）密度继电器的报警、闭锁定值满足设计要求。

4.4.2.5　断路器机械特性测量

若厂家要求严格于国家标准要求，测量数据应满足厂家设计要求；否则应满足国家标准要求，记录表格详见附录 2。

4.4.3　存在问题及整改计划

对检查发现的问题进行整改，并进行重新验收，记录表格详见附录 1。

第

5

章

GIS 设备

5.1　适用范围

本章适用于安装在户内或户外并运行在频率为 50Hz、额定电压为 72.5 ~ 550kV 的全部或部分地采用 SF_6 气体作为绝缘介质的气体绝缘金属封闭开关设备（以下简称 GIS，包括 HGIS）的验收管理。

5.2　验收要求

（1）验收前，验收人员对验收过程中存在的风险进行辨识，制定并落实风险控制措施。

（2）验收人员根据设计图纸、采购技术协议、技术规范和验收文档开展现场验收。

（3）验收中发现的问题必须限时整改，存在较多问题或重大问题的，整改完毕应重新组织验收。

（4）验收完成后，必须完成相关图纸和文档的校核修订。

（5）施工单位将备品、备件移交运行单位。

（6）验收完成后，验收人员须完善验收文档并存档。

5.3　验收前应具备的条件

（1）GIS 本体、附件及其控制回路已施工及安装完毕。

（2）GIS 调试及交接试验工作已全部完成。

（3）施工单位应完成 GIS 自检，并提供自检报告、安装调试报告、临时竣工图纸。

（4）GIS 的验收文档已编制并经审核完毕。

5.4　验收内容

5.4.1　GIS 的资料验收

新建、扩建、改造的 GIS 应具备以下相关资料，电子化图纸资料按照 S.00.00.09/G100-0014-0909-6049《广东电网公司电网工程资料电子化移交管理规定（试行）》要求执行。

（1）一次接线图（含运行编号）。

（2）设备技术协议（技术确认书）。

（3）施工设计图。

（4）变更设计的证明文件（若有）。

（5）变更设计的实际施工图（若有）。

（6）制造厂提供的主、附件产品中文说明书。

（7）制造厂提供的主、附件产品出厂试验记录。

（8）制造厂提供的主、附件合格证件。

（9）制造厂提供的安装图纸。

（10）运输过程质量控制文件。

（11）监理报告及监理预验收报告。

（12）现场安装及调试报告。

（13）交接试验报告。

（14）设备、特殊工具及备品清单。

5.4.2　GIS 的设备验收

检查 GIS 应满足本章的要求。

5.4.2.1　检查设备数量

（1）对照设备清单，检查设备现场配置情况，应与设备清单内容

相符。

（2）对照备品清单，检查备品数量及外观，应与备品清单内容相符。

5.4.2.2　查主要部件来源

（1）对照设备采购技术协议，检查设备主要元件来源，应与协议规定的生产厂家一致。

（2）对照设备采购技术协议，检查设备备品备件来源，应与协议规定的生产厂家一致。

5.4.2.3　外观检查

1. 检查 GIS 本体外观

（1）GIS 本体支架、筒体、组合元件外表无锈蚀、无破损、油漆完整。

（2）相色标识正确；气隔标识清晰正确，气隔盆式绝缘子安装处的外面应有明显的红色标识，通气的盆式绝缘子则为绿色标识。地网至外壳及筒体气室之间应有明显的接地标识。

（3）各开关装置的外部传动连杆外观正常，无变形、裂纹、锈蚀现象。

（4）连接螺栓无松动、锈蚀现象。各轴销外观检查正常。

（5）筒体之间的连接是否牢固；铭牌位置正确，字迹清晰。

（6）断路器、隔离开关分合闸位置指示清晰正确。

（7）断路器计数器指示清晰、断路器储能指示清晰。

（8）接地线的接线整齐，符合产品技术要求，并有明显的接地标识。

（9）TA 及 TV 二次接线完整，引线端子连接牢固，标识清晰、二次接线盒密封良好，所有封板螺栓应紧固无锈蚀。

（10）伸缩节拉伸长度合适，两侧安装应对称，螺栓紧固正确，安装牢固。

（11）温度补偿用伸缩节外壳导流排应采用软连接或可变形连接，不得采用硬连接。

（12）对伸缩节的位置进行标记或记录伸缩节的变形量。

（13）爬梯位置应安装合理。

（14）室内天车负荷应满足起吊最重气室的要求。

（15）压力释放装置释压口不应朝向气室充气阀门位置和巡视通道。

（16）GIS 设备穿墙管筒严禁用水泥进行封堵，应采用非腐蚀性、非导磁性材料进行封堵。

（17）户内 GIS 室必须安装泄漏检测装置，并检查功能是否正常。

2.　检查操作机构箱外观

（1）柜体外表无破损、无锈蚀、无变形，柜门密封良好，底板无进潮、进水、起霉变色痕迹，柜门开、关灵活可靠，锁具钥匙齐全。

（2）机构传动部件无锈蚀、裂纹，机构内轴销无碎裂、变形，锁紧垫片无松动，机构内所做标记位置无变化。

（3）缓冲器应无漏油痕迹，缓冲器的固定轴正常。

（4）分、合闸弹簧外观无裂纹、断裂、锈蚀等异常。

（5）柜内清洁无杂物。

（6）柜内电气元件接线头及端子排应有清晰编号，把手、开关、继电器及管道阀门有中文标称。

（7）各转动部分应加注润滑脂。

（8）柜体无渗漏现象。

3.　检查汇控柜外观

（1）柜体无锈蚀、无破损、无变形。

（2）柜门密封良好，底板无进潮、进水、起霉变色痕迹。

（3）柜内清洁无杂物。

（4）柜内电气元件应有厂家铭牌，与图纸吻合的名称、符号及中文标签。

（5）二次线排列整齐，接线牢固，接头编号清晰。

4. 检查高压套管外观

要求套管表面清洁、光滑完整，套管无裂缝、损伤，无放电痕迹。

5. 检查引线外观

（1）要求长度合适。

（2）软母线弧垂合适，垂度一致。

（3）接线端子表面应平整、无氧化，镀银层满足设计要求。

6. 检查密度继电器和压力表外观

（1）要求无破损，指示清晰，且经独立阀门安装，户外应加装防雨罩。

（2）各功能气室压力值应满足设计要求。

（3）各功能气室阀门开启、关闭状态应符合运行要求，关闭的阀门应加装封板。

（4）应有设计要求的压力值标识。

7. 检查 SF_6 气体管路

颜色标识符合规范要求，走向合理。

8. 检查高压带电显示装置外观

要求接线整齐、视窗清晰，外观无破损、无锈蚀。

5.4.2.4　质量检查

5.4.2.4.1　检查 GIS 本体质量

（1）GIS 基础及预埋槽钢的水平误差满足要求。

（2）本体接地可靠、规范，接地线数量应符合设计图纸要求，接地线截面应满足动、热稳定的要求。

（3）各元件的紧固螺栓齐全，螺栓长度合适、无松动。

（4）各分隔气室气体的压力值和含水量符合产品的技术规定。

（5）断路器、隔离开关、接地开关机械转动部分应加注润滑脂。

（6）断路器、隔离开关、接地开关手动（电动）分/合闸动作准确，无卡阻，指示正确。

（7）断路器计数器动作正确。

（8）断路器、隔离开关、接地开关之间的联锁应满足设计要求的联锁条件，辅助开关及电气闭锁动作准确可靠。

（9）断路器、隔离开关，接地开关和快速接地开关的操作特性试验值应满足制造厂技术条件规定，记录表格详见附录2、附录4。

（10）罐式避雷器安装垂直度符合要求，三相应在同一直线上且安装牢固，其泄漏电流表应密封性能良好、功能正常，电流表指针应归零。

（11）TV 的高压尾端可靠接地，二次绕组一端可靠接地。

5.4.2.4.2　检查操作机构箱质量

1．气动操作机构

（1）空气压力系统应为双压缩机、双气站布置，气路应为双回，且应加装母联阀门，应为双压力调节配置。

（2）气站气缸储能时间应符合制造厂规定，并有试验记录。

（3）气路管道应布置在专门管道槽内，固定良好，应有防踩踏措施。

（4）气路对应每个气缸应有独立阀门控制。

（5）空气压力系统各阀门开启、关闭状态应符合运行要求。

（6）空气压缩机油位观察窗应清晰，压缩机油无乳化、无变质，且油位应满足要求。

（7）空气压缩机传动皮带应松紧合适。

（8）气缸排水阀工作正常。

（9）各接触器、继电器、压力开关和辅助开关的动作应准确可靠，接点接触良好，无烧损或锈蚀。

（10）分、合闸线圈的铁芯动作灵活，无卡阻；铁芯运动行程及配合间隙差值应满足制造厂的规定。

（11）安全阀动作、复位压力、自动重合闭锁信号压力和解除闭锁压力（包括压缩机启动、停止压力，断路器闭锁、解除闭锁压力）应进行空气操作压力值的试验，试验值应满足制造厂规定，记录表格详见附录3。

（12）当操作气压降低到闭锁压力时，能自动闭锁操作并发出低压报警信号。

（13）操作气压表指示正确，接头无渗漏，报警、闭锁标识牌指示正确；压缩空气系统的空气漏气率应满足制造厂的规定，并有试验报告。

（14）工作状态指示正常。

（15）空气管道与SF_6气管标色应有所区别。

（16）柜内驱潮装置接入检查及接线是否符合工艺要求。

（17）柜内照明工作正常。

2．弹簧操作机构

（1）各种接触器、继电器、微动开关、压力开关和辅助开关的动作应准确可靠，接点接触良好，无烧损或锈蚀。

（2）工作状态指示正常。

（3）柜内照明工作正常。

（4）分、合闸线圈的铁芯动作灵活，无卡阻；铁芯运动行程及配合间隙差值应满足制造厂的规定。

（5）合闸弹簧储能后，牵引杆的下端或凸轮应与合闸锁扣可靠锁住。

（6）分、合闸闭锁装置动作应灵活，复位准确迅速；合闸弹簧储能时，牵引杆的位置不得超过死点。

（7）分、合闸铁芯运动行程的测量及配合间隙差值应满足制造厂的规定。

（8）检查手动储能是否可靠及满足技术条件要求。

（9）驱潮装置数量，功率满足制造厂技术规定，并工作正常。

3. 液压操作机构

（1）各接触器、继电器、辅助开关等的动作应准确可靠，接点接触良好，无烧损或锈蚀。

（2）工作状态指示正常。

（3）柜内照明工作正常。

（4）分、合闸线圈的铁芯动作灵活，无卡阻。

（5）油箱内部应清洁，油品符合技术规定，油位指示正常。

（6）连接管道在额定油压时，接头无渗油。

（7）机构在慢分、慢合时，工作缸活塞杆的运动应无卡阻和跳动现象。

（8）防失压慢分装置应可靠。

（9）油泵启 / 停、分合闸闭锁及油压异常升高或降低的微动开关接点动作正确可靠；液压表总承无渗漏，表针指示正确。预压力及油泵建压时间符合设计要求。

（10）驱潮装置数量，功率满足制造厂技术规定，并工作正常。

（11）油泵建压时间应符合产品技术条件要求。

4．电动弹簧操作机构

快速接地开关适用，检查分、合动作是否灵活，无卡阻。

操作检查：

（1）断路器在远方／就地操作 3 个分、合循环，动作应灵活无卡阻。

（2）隔离开关在远方／就地操作 3 个分、合循环，动作应灵活无卡阻。

（3）接地开关在远方／就地操作 3 个分、合循环，动作应灵活无卡阻。

5.4.2.4.3　检查汇控柜质量

（1）辅助开关切换、接触良好。

（2）门框及手柄转动灵活。

（3）柜内驱潮装置接线符合工艺要求，手动功能检查正常，自动功能检查正常，工作状态指示正常。

（4）柜内照明工作正常。

（5）各间隔门面上的模拟位置指示器准确反映各元件的分、合闸状态。

（6）从柜前引入的电缆应用电缆管接头，电缆从柜下引入时要有防潮防虫措施。

5.4.2.4.4　检查高压套管

（1）套管瓷裙爬电距离符合设计要求。

（2）连接螺栓宜用热镀锌螺栓，紧固螺栓规格符合规范，紧固螺栓安装紧固。

5.4.2.4.5　检查引线

（1）要求引线无散股、引线规格符合设计要求。

（2）连接螺栓宜用热镀锌螺栓，紧固螺栓符合设备采购技术协议的规定，紧固螺栓安装紧固。

（3）使用线夹符合规范，线夹接触面应打磨平整。

（4）导线相间距离符合规程要求，导线对地距离符合规程要求。

5.4.2.4.6　检查密度继电器和压力表质量

（1）SF_6 气压表指示正确。

（2）密度继电器和压力表经校验合格，指示清晰。

（3）密度继电器报警、闭锁定值符合规定，动作正确。

（4）SF_6 密度继电器与开关设备本体之间的连接方式应满足不拆卸校验密度继电器的要求。

（5）户外安装的密度继电器应设置防雨措施。

5.4.2.4.7　检查 SF_6 管路质量

SF_6 管路外表无裂纹，固定良好。

5.4.2.4.8　检查高压带电显示装置质量

检查装置的显示是否正常，性能是否满足要求。

5.4.3　存在问题及整改计划

对检查发现的问题进行整改，并进行重新验收，记录表格详见附录 1。

第

6

章

敞开式隔离开关

6.1　适用范围

本章适用于安装在户内或户外并运行在频率为 50Hz、额定电压为 40.5 ～ 550kV 的高压交流隔离开关（以下简称隔离开关，含接地开关）的验收管理。

6.2　验收要求

（1）验收前，验收人员对验收过程中存在的风险进行辨识，制定并落实风险控制措施。

（2）验收人员根据设计图纸、采购技术协议、技术规范和验收文档开展现场验收。

（3）验收中发现的问题必须限时整改，存在较多问题或重大问题的，整改完毕应重新组织验收。

（4）验收完成后，必须完成相关图纸和文档的校核修订。

（5）变电运行单位应将竣工图纸和验收文档存放在变电站。

（6）施工单位将备品、备件移交运行单位。

6.3　验收前应具备的条件

（1）隔离开关本体、附件及其控制回路已施工及安装完毕。

（2）隔离开关调试及交接试验工作已全部完成。

（3）施工单位应完成隔离开关自检，并提供自检报告、安装调试报告、临时竣工图纸。

（4）隔离开关的验收文档已编制并经审核完毕。

6.4　验收内容

6.4.1　隔离开关的资料验收

新建、扩建、改造的隔离开关应具备以下相关资料，电子化图纸资料按照 S.00.00.09/G100-0014-0909-6409《广东电网公司电网工程资料电子化移交管理规定（试行）》要求执行。

（1）一次接线图（含运行编号）。

（2）设备技术确认书。

（3）施工设计图。

（4）变更设计的证明文件。

（5）变更设计的实际施工图。

（6）制造厂提供的主、附件产品说明书。

（7）制造厂提供的主、附件产品出厂试验记录。

（8）制造厂提供的主、附件合格证件。

（9）制造厂提供的安装图纸。

（10）运输工程质量控制文件。

（11）监理报告和监理预验收报告。

（12）现场安装及调试报告。

（13）交接试验报告。

（14）设备、特殊工具及备品清单。

6.4.2　隔离开关的设备验收

检查隔离开关应满足本章的要求。

6.4.2.1　检查设备数量

（1）对照设备清单，检查设备现场配置情况，应与设备清单内容

相符。

（2）对照备品清单，检查备品数量及外观，应与备品清单内容相符。

6.4.2.2 检查主要部件来源

（1）对照设备采购技术协议，检查设备主要元件来源，应与协议规定的生产厂家一致。

（2）对照设备采购技术协议，检查设备备品备件来源，应与协议规定的生产厂家一致。

6.4.2.3 外观检查

1. 检查隔离开关本体外观

（1）支持瓷瓶外表清洁，无裂纹、无破损、无放电痕迹。

（2）瓷套与法兰的结合面黏合牢固、法兰面无砂眼、结合面平整。

（3）具有引弧触头的隔离开关，外观应完好无损。

（4）均压环外表清洁，无破损、变形。

（5）隔离开关三相之间的水平连杆应连接牢靠，动作无变形。

（6）隔离开关垂直拉杆标色应符合安健环要求。

（7）金属部件清洁无锈蚀、油漆完整。

（8）相色标识正确。

（9）接地引下线符合要求，有明显的接地标识。

（10）架构镀锌、焊接工艺符合技术要求。

（11）各转动部分应加注润滑脂。

（12）铭牌位置正确，字迹清晰。

2. 检查操作机构箱外观

（1）要求箱体无变形，箱门密封良好，无进潮、进水、起霉变色痕迹。

（2）箱体外表无锈蚀、无破损，箱内清洁无杂物。

（3）箱内电气元件接线头及端子排应有清晰编号。

（4）机构箱内把手、开关有中文标称。

（5）各转动部分应加注润滑脂，分、合闸位置指示清晰正确。

3．检查引线外观

（1）要求长度合适，接线整齐无锈蚀。

（2）软母线弧垂合适，垂度一致。

6.4.2.4　质量检查

6.4.2.4.1　检查隔离开关本体质量

（1）隔离开关本体安装牢固、规范。

（2）接地可靠，接地引下线截面应满足动、热稳定要求。

（3）对导电部分进行以下检查或检测：

1）接线端子检查。清洁、平整，无外应力并涂有电力复合脂。

2）接触部位检查。线接触：用 0.05 mm×10 mm 塞尺检查，塞尺塞不进去。

3）接触部位检查。以 0.05 mm×10 mm 的塞尺检查，对于线接触应塞不进去；对于面接触，其塞入深度，在接触表面宽度为 50 mm 及以下时，不应超过 4 mm，在接触表面宽度为 60 mm 及以上时，不应超过 6 mm。

（4）紧固螺栓宜采用热镀锌，连接紧固，长度满足要求。

（5）开关的传动机构联动正常，手动、电动操作无卡阻现象，开关触头分、合到位，接触良好；开关分合闸指示正确。

（6）具有引弧触头的隔离开关，主、弧触头的动作顺序应满足厂家技术条件要求。

（7）机械转动部分应加注润滑脂。

（8）开关的合闸插入深度满足要求。

（9）开关的分、合闸止钉间隙宽度应符合产品技术条件要求，能防止拐臂超过死点。

（10）分闸时触头打开角度满足要求。

（11）合闸完成后，同相触头、导电臂应在同一条直线上。

（12）合闸触头夹紧力满足要求。

（13）隔离开关的主闸刀和接地开关之间应有可靠的机械联锁，并应具有实现电气联锁的条件。

（14）隔离开关的分闸距离满足要求。

（15）隔离开关的合闸同期性应符合产品技术要求。

（16）瓷套外绝缘爬电比距符合设计要求。

6.4.2.4.2　检查操作机构箱质量

（1）要求箱门及手柄转动灵活。

（2）手动、电动操作灵活。

（3）辅助切换开关安装牢固、转动灵活。

（4）柜内驱潮装置接线符合工艺要求，手动功能检查正常，自动功能检查正常，工作状态指示正常。

6.4.2.4.3　操作机构的操作检查

（1）远方/就地状态下操作3个分、合循环，动作应灵活无卡阻。

（2）手动/电动功能检查正常。

6.4.2.4.4　检查引线质量

（1）要求引线无散股，引线规格符合设计要求。

（2）连接螺栓宜用热镀锌螺栓，紧固螺栓规格符合规范，紧固螺栓安装紧固。

（3）使用线夹符合规范，线夹接触面应打磨并上导电脂。

（4）导线相间距离符合规程要求，导线对地距离符合规程要求。

6.4.3　存在问题及整改计划

对检查发现的问题进行整改，并进行重新验收，记录表格详见附录 1。

第

7

章

高压开关柜

7.1　适用范围

本章适用于安装在户内并运行在频率为 50Hz、额定电压为 12 ~ 40.5kV 的交流金属封闭开关设备（以下简称开关柜，包括固定式开关柜和移开式开关柜）的验收管理。

7.2　验收要求

（1）验收前，验收人员对验收过程中存在的风险进行辨识，制定并落实风险控制措施。

（2）验收人员根据设计图纸、采购技术协议、技术规范和验收文档开展现场验收。

（3）验收中发现的问题必须限时整改，存在较多问题或重大问题的，整改完毕应重新组织验收。

（4）验收完成后，必须完成相关图纸和文档的校核修订。

（5）变电运行单位应将竣工图纸和验收文档存放在变电站。

（6）施工单位将备品、备件移交运行单位。

7.3　验收前应具备的条件

（1）开关柜本体、附件及其控制回路已施工及安装完毕。

（2）开关柜调试及交接试验工作已全部完成。

（3）施工单位应完成开关柜自检，并提供自检报告、安装调试报告、临时竣工图纸。

（4）开关柜的验收文档已编制并经审核完毕。

7.4　验收内容

7.4.1　开关柜的资料验收

新建、扩建、改造的变电站开关柜应具备以下相关资料，电子化图纸资料按照 S.00.00.09/G100–0014–0909–6049《广东电网公司电网工程资料电子化移交管理规定（试行）》要求执行。

（1）一次接线图（含运行编号）。

（2）设备技术协议（技术确认书）。

（3）施工设计图。

（4）变更设计的证明文件（若有）。

（5）变更设计的实际施工图（若有）。

（6）制造厂提供的主、附件产品说明书。

（7）制造厂提供的主、附件产品出厂试验记录。

（8）制造厂提供的主、附件合格证件。

（9）制造厂提供的移开式开关柜内部燃弧试验报告。

（10）制造厂提供的安装图纸。

（11）运输工程质量控制文件。

（12）监理报告和监理预验收报告。

（13）现场安装及调试报告。

（14）交接试验报告。

（15）设备、特殊工具及备品清单。

7.4.2　开关柜的设备验收

检查开关柜应满足本章的要求。

7.4.2.1 检查设备数量

（1）对照设备清单，检查设备现场配置情况，应与设备清单内容相符。

（2）对照备品清单，检查备品数量及外观，应与备品清单内容相符。

7.4.2.2 检查主要部件来源

（1）对照设备采购技术协议，检查设备主要元件来源，应与协议规定的生产厂家一致。

（2）对照设备采购技术协议，检查设备备品备件来源，应与协议规定的生产厂家一致。

7.4.2.3 外观检查

1. 检查开关柜本体外观

（1）柜体表面应清洁，无裂纹、破损，油漆完整。

（2）相色标识正确。

（3）铭牌位置正确，字迹清晰。

（4）柜体无放电痕迹。

（5）金属件表面无锈蚀，并做防锈处理。

（6）热缩套应紧贴铜排，无脱落、破损现象。

（7）电缆终端头连接良好。

（8）功能小室的泄压通道，应满足防护等级要求。

（9）顶部如有防护罩，应满足防护等级要求，且固定应牢靠。

（10）柜内有明显的接地标识，接地牢固。

（11）各开关装置的外部传动连杆外观正常，无变形、裂纹、锈蚀现象。

（12）连接螺栓无松动、锈蚀现象，各轴销外观检查正常。

（13）机构传动部件无锈蚀、裂纹，机构内轴销无碎裂、变形，锁紧垫片有无松动，机构内所做标记位置无变化。

（14）分、合闸弹簧外观无裂纹、断裂、锈蚀等异常。

（15）各转动部分应加注润滑脂。

（16）柜门应与外壳的金属部分可靠连接，接地导体宜采用 $6mm^2$ 镀锡的编织铜带加透明套管。

（17）柜体密封良好，符合防护等级的要求。

（18）开关柜基础槽钢应在两端与开关柜有明显接地。

2. 检查真空断路器外观

（1）外观清洁，无放电痕迹，油漆完整。

（2）支持绝缘子无破损。

（3）真空泡无裂纹、破损。

（4）相序标识清晰、正确。

3. 检查避雷器外观

（1）要求外观清洁，无裂纹、破损及放电痕迹；封口处密封良好；高压侧引线长度合适，连接可靠；接地良好。

（2）避雷器放电计数器完好。

4. 检查 TA/TV 外观

（1）要求外观清洁、无裂纹、破损及放电痕迹；表面光滑，无气孔；二次端子清晰，连接引线连接可靠紧固。

（2）穿芯式 TA 的均压线应长度合适，且连接良好。

5. 检查母线外观

要求外观清洁；热缩材料平整无破损。

6. 检查绝缘子外观

要求瓷质外观清洁、无裂纹、破损；合成绝缘子外观清洁、无裂纹，表面应无起泡现象。

7. 检查操作机构外观

要求外观清洁；分合闸指示清晰；控制按钮颜色满足要求；计数器指示清晰；储能指示清晰。

8. 检查电磁锁、机械锁外观

要求外观清洁、无破损；钥匙编号清晰、正确。

9. 检查高压带电显示装置外观

要求外观清洁；构件无破损。

10. 检查移开式开关柜检查手车外观

要求外观清洁、无裂纹、破损，油漆完整。

7.4.2.4 质量检查

1. 检查开关柜本体质量

（1）柜体安装牢固、垂直度、水平度满足要求。

（2）柜体防护等级符合设计要求。

（3）柜体安装严禁焊接固定。

（4）柜间接缝满足要求。

（5）断路器、隔离开关、接地开关分、合闸动作准确，无卡阻，指示正确。

（6）手车柜断路器、手车、接地开关与门之间的联锁应满足联锁条件要求，"五防"功能可靠。

（7）固定柜断路器、隔离开关、接地开关与门之间的联锁应满足联锁条件要求，"五防"功能可靠。

（8）柜内驱潮装置接线符合工艺要求，手动功能检查正常，自动功能检查正常，工作状态指示正常。

（9）柜体接地良好，每个部件的金属构架均应可靠接地，柜内有明显的接地标识，接地线应用裸铜线，接地线数量、接地位置应符合设计图纸要求，接地线截面应满足动、热稳定要求。

（10）各功能室间导体穿过的隔板应使用非导磁材料，或采取断磁工艺制造。

（11）按比例抽检所有导电回路连接螺栓力矩及画线标识（可采取安装过程中全程跟踪力矩安装的方式）。

（12）柜内所有导电部位之间距离应满足安全运行要求。

2．冷却风机检查

（1）冷却风机应正常启动，无异响。

（2）温控或负荷控制风机，达到启动条件时，应正常启动，无异响。

（3）冷却风机故障时可在开关柜运行状态下检修更换。

3．检查真空断路器质量

（1）安装垂直、牢固；一次接线连接紧固。

（2）断路器构架接地可靠、规范。

（3）断路器与机构的联动正常，无卡阻现象。

（4）分、合闸动作准确，指示正确。

（5）断路器拉杆无变形，绝缘距离满足技术要求。

4．检查固定柜隔离开关质量

与机构的联动正常，无卡阻现象；触头接触良好，表面涂有薄层凡士林；转动部分灵活无卡阻现象，传动杆应无变形。

5．检查接地开关质量

与机构的联动正常，无卡阻现象；触头接触良好，表面涂有薄层凡士林；转动部分灵活无卡阻现象。

6．检查断路器手车质量（移开式开关柜）

（1）断路器手车动触头臂与静触头座同心度一致，断路器手车互换性好。

（2）断路器手车本体及构架接地可靠、规范。

（3）手车导轨平整无松动、变形。

（4）手车推入"试验位置"轻巧平衡无卡滞，底盘定位插销灵活准确。

（5）手车在工作/试验位置进出操作轻巧平衡无卡滞，触头接触紧密，触头插入深度符合要求，位置切换及开关分合辅助开关切换正确，开关本体位置指示正确。

（6）触指表面镀银层光滑，触指无变形、移位，触指弹簧压力满足技术要求，触指表面涂有薄层凡士林。

（7）手车导电臂应采用绝缘包封，并满足通流性能要求和绝缘性能要求。如采用热缩绝缘包封，热缩绝缘厚度不小于2mm。

7. 检查移开式开关柜检查小车质量

（1）检查手车底盘结构应与实际运行的手车底盘结构一致，并配齐所有机械联锁装置。

（2）检查手车的导电臂用绝缘杆代替，其长度尺寸、安装位置应与实际运行的手车一致。

（3）检查手车在推入和拉出过程中，操作人员应能方便地观察到活门挡板的开启和闭合情况，检查手车的面板应用透明有机玻璃板。

8. 检查隔离活门质量

（1）隔离活门挡板与触头座中心线一致并能完全遮挡。

（2）隔离活门挡板应无变形、无破损，导杆无弯曲，起降机构各卡销完整无脱落。

（3）操作时活门挡板起降应能启闭到位、平衡、可靠、无卡涩，不应与手车触头发生碰撞。

（4）隔离活门挡板应使用非金属材料，并有带电警示标识。

9. 检查联锁装置质量

按停、送电程序进行联锁操作，程序正确，联锁可靠，满足"五防"功能要求。

10. 检查避雷器质量

（1）安装符合设计要求，高压引线电气连接良好，接地线连接正确、可靠、规范，带电部分对地距离满足要求，相间距离满足要求。

（2）泄漏电流表（放电计数器）应安装牢固、功能正常，数值应归零。

（3）避雷器均压环与本体连接应良好，无伤痕、毛刺及变形，安装应牢固、平正、无变形，不得影响接线板的接线。

（4）绝缘底座固定螺栓不应与避雷器构架接触。

11. 检查 TA/TV 质量

（1）安装应牢固，符合产品规范；检查柜内一次设备实际接线情况与柜前接线图及站内一次接线图应保持一致。

（2）零序电流互感器的安装，不应使构架或其他导磁体与互感器直接接触，或与其构成分磁回路。

12. 检查母线质量

（1）安装牢固、安装工艺符合规范，母排选材符合技术协议要求。

（2）相间距离、对地距离满足技术要求。

（3）相序标识正确、清晰。

（4）连接导电部分打磨光洁并涂薄层导电脂。

（5）紧固螺栓规格符合标准规范，紧固力矩符合工艺要求，并标记记号。

（6）穿柜套管应安装牢固，且无损伤、无裂纹。

13.　检查操作机构质量

（1）机构安装固定牢靠。

（2）机构的联动正常，无卡阻现象。

（3）分合闸指示正确（与断路器状态相对应）。

（4）储能弹簧储能指示正确；弹簧储能到位（储能时），储能弹簧位置微动开关动作可靠，储能时间符合厂家设计要求。

（5）计数器动作可靠、正确。

（6）检查手动储能是否可靠及满足技术条件要求。

（7）分合闸线圈的固定方式应牢固、可靠。

14.　检查电磁锁、机械锁质量

安装牢固，闭锁性能可靠。

15.　检查高压带电显示装置质量

安装符合规范，接线及带电指示正确。

16.　检查"五防"联锁质量

在验收文档中详细写明验收要求。

7.4.2.5　断路器机械特性测量

若厂家要求严格于国家标准要求，测量数据应满足厂家设计要求；否则应满足国家标准要求，记录表格详见附录2。

7.4.3　存在问题及整改计划

对检查发现的问题进行整改，并进行重新验收，记录表格详见附录1。

第

8

章

10 ～ 66kV 并联
电容器装置

8.1　适用范围

本章适用于变电站 10 ～ 66kV 高压并联电容器装置的验收管理。

8.2　验收要求

（1）高压并联电容器装置的验收必须按照变电设备验收程序进行。

（2）验收人员根据设计图纸、技术规范和验收文档开展现场验收。

（3）验收中发现的问题必须限时整改并进行复检验收。

（4）验收完成后 3 个月内，必须完成相关图纸的校核修订。

（5）验收完成后 3 个月内，建设部门应将竣工图纸和验收文档移交给变电运行部门，变电运行部门应将其存放在变电站。

（6）工程投产后 3 个月内，必须完成包括工程建设资料、设备交接试验记录、竣工图纸等在内的工程资料的电子文档的移交，具体流程按照 S.00.00.09/G100－0014－0909－6049《广东电网公司电网工程资料电子化移交管理规定（试行）》要求执行。

8.3　验收前应具备的条件

（1）高压并联电容器装置已施工及安装完毕。

（2）高压并联电容器装置调试及交接试验工作已全部完成。

（3）施工单位应完成高压并联电容器装置自检，监理单位完成预验收，并提供相关验收报告。

（4）高压并联电容器装置的验收文档已编制并经审核完毕。

（5）施工单位应完成施工记录，并提供报告。

（6）施工单位应完成临时竣工图，并提供临时竣工图纸。

8.4　验收内容

8.4.1　高压并联电容器装置的资料验收

新建、扩建、改造的高压并联电容器装置应具备以下相关的纸制资料和电子化文档资料：

（1）一次接线图（含运行编号）。

（2）设备技术确认书。

（3）施工设计图。

（4）变更设计的证明文件。

（5）变更设计的实际施工图。

（6）制造厂提供的主、附件产品中文说明书。

（7）制造厂提供的主、附件产品出厂试验记录。

（8）制造厂提供的主、附件合格证件。

（9）制造厂提供的安装图纸。

（10）运输过程质量控制文件。

（11）监理报告及监理预验收报告。

（12）现场安装及调试报告。

（13）设备、特殊工具及备品清单。

（14）交接试验报告。

8.4.2　高压并联电容器装置的设备验收

检查高压并联电容器装置应满足本章的要求。

8.4.2.1　检查设备数量

（1）对照设备清单，检查设备现场配置情况，应与设备清单内容相符。

（2）对照备品清单，检查备品数量，应与备品清单内容相符。

8.4.2.2　检查主要部件来源

（1）对照设备采购技术协议，检查设备主要元件来源，应与协议规定的生产厂家一致。

（2）对照设备采购技术协议，检查设备备品备件来源，应与协议规定的生产厂家一致。

8.4.2.3　外观检查

1．检查本体外观

（1）框架式高压并联电容器：电容器本体器身洁净，金属件外表面无损伤或腐蚀现象，电容器本体无渗漏油现象，电容器本体无表面损伤，电容器本体无鼓肚现象，油漆完整美观，铭牌标识清楚，框架采用热镀锌、铝合金等，相色清晰正确。

（2）集合式高压并联电容器：器身洁净，箱壳无渗漏油现象、油位符合要求，箱壳无变形、无表面损伤，油漆完整，铭牌标识清楚，接地、起吊、千斤顶支撑标识清晰，相色清晰正确。

2．围网外观

围网应满足设计要求，并接地良好，采用非导磁材料或采用断磁工艺制作。

3．检查套管外观

套管表面清洁、光滑完整，套管无裂缝、无损伤，无放电痕迹，无渗漏油现象。

4．检查引线外观

要求引线长度合适、接线整齐、无散股。

5. 检查放电线圈外观

（1）放电线圈外壳无锈蚀，无破损，无漏油现象。

（2）安装牢固、外壳可靠接地或可靠接构架等电位点。

6. 检查避雷器外观

安装牢固，无锈蚀，无破损，放电计数器应安装牢固、功能正常，数值应归零。

7. 检查中性点接地开关外观

安装牢固，操作灵活，无锈蚀，无破损。

8. 检查串联电抗器外观

安装牢固，无锈蚀，无破损，无漏油现象，外壳可靠接地。

8.4.2.4　质量检查

1. 检查本体安装质量

（1）框架式高压并联电容器：电容器构架应保持其应有的水平及垂直位置，固定牢靠，油漆完整；套管芯棒应无弯曲或滑扣，引出线端连接用的螺母、垫圈应齐全，无渗漏油；各部分螺栓紧固性符合力矩要求；电容器的铭牌布置面向通道，每个电容器均有编号，数字编号清晰一致。

（2）集合式高压并联电容器：安装基础应水平，本体安装牢固；紧固螺栓规格符合规范，紧固性符合力矩的要求，紧固螺栓安装紧固；电容器的铭牌布置面向通道，每台集合式电容器相序均有编号，数字编号清晰一致，要求呼吸器与储油柜间的连接管的密封应良好，吸湿剂应干燥、无变色，油杯油位应在油面线上或按产品的技术要求进行。

2. 检查电气距离

（1）框架式高压并联电容器：电容器组的安装尺寸和最小空气间隙应符合《高压并联电容器装置技术标准》等相关规定；电容器外壳

间距离符合设计要求。

（2）集合式高压并联电容器：不同集合式电容器间距离符合设计要求。

3. 检查熔断器

框架式高压并联电容器：熔丝额定电流符合设计值；对于外熔丝结构的电容器要求熔断指示易分辨；助力弹簧的安装角度符合熔断器说明书要求，熔断器连接部位要光滑，在与电容器的连接上可靠接触。

4. 检查引线

（1）框架式高压并联电容器：电容器组的布置和接线应正确；电容器、放电线圈至电容器组横联线之间的电气连接必须采用软连接；引线无散股，规格符合设计要求；使用线夹符合规范，线夹接触面应打磨平整；相间距离符合规程要求，导线对地距离符合规程要求；导体支撑绝缘子安装间距符合要求。注意：对于额定电压高的电容器装置一般配油式放电线圈，此类装置通常跨度较大，一般使用小母线的硬连接。

（2）集合式高压并联电容器：集合式电容器的布置和接线应正确；引线无散股，规格符合设计要求；使用线夹符合规范，线夹接触面应打磨平整；相间距离符合规程要求，导线对地距离符合规程要求；套管与连线采用软连接；导体支撑绝缘子安装间距符合要求。

5. 检查压力释放装置

集合式高压并联电容器：三相电容器及单相容量大于1600kvar的电容器应装设压力释放装置，压力释放装置应能可靠地动作。

6. 检查接地

（1）框架式高压并联电容器：凡不与地绝缘的每个电容器的外壳及电容器的构架均应接地，35kV及以上框架式并联电容器装置是置于绝缘平台上，支架本身是带电体，不能接地。框架应两点可靠接地，框架构架间、门与构架间采用接地线连接接地；凡与地绝缘的电容器的外壳均应接到固定的电位上；接地引下线及其与主接地网的连接应满足设计要求。

（2）集合式高压并联电容器：外壳上应有不小于 16mm 的接地端子，并有明显的接地标识；本体接地应可靠（应两点接地）、规范；接地引下线及其与主接地网的连接应满足设计要求。

8.4.3　存在问题及整改计划

对检查发现的问题进行整改，并进行重新验收，记录表格详见附录 1。

第

9

章

避雷器

9.1　适用范围

本章适用于所辖变电站 10 ～ 500kV 避雷器及附属设备的验收管理。

9.2　验收要求

（1）验收前，验收人员对验收过程中存在的风险进行辨识，制定并落实风险控制措施。

（2）验收人员根据设计图纸、采购技术协议、技术规范和验收文档开展现场验收。

（3）验收中发现的问题必须限时整改，存在较多问题或重大问题的，整改完毕应重新组织验收。

（4）验收完成后，必须完成相关图纸和文档的校核修订。

（5）施工单位将备品、备件移交运行单位。

（6）验收完成后，验收人员须完善验收文档并存档。

9.3　验收前应具备的条件

（1）变电站避雷器已安装就位。

（2）避雷器的所有引线和接地引下线全部安装完成。

（3）避雷器全电流监测装置（或放电计数器）已安装完成。

（4）已完成对避雷器本体和附件（包括底座或合成绝缘串联间隙、全电流监测装置或放电计数器）的交接验收试验。

（5）避雷器本体和附件标识符合 Q/CSG 1 0001 － 2004《变电站

安健环设施标准》要求。

（6）避雷器的验收文档、安装调试报告已编制并经审核完毕。

（7）施工图、竣工图、各项调试及试验报告、监理报告等技术资料和文件已整理完毕。

9.4 验收内容

9.4.1 避雷器的资料验收

新建、扩建、改造的避雷器应具备以下相关资料，由该项目负责人提供，电子化图纸资料按照 S.00.00.09/G100-0014-0909-6049《广东电网公司电网工程资料电子化移交管理规定（试行）》要求执行。

（1）一次接线图（含运行编号）。

（2）技术确认书。

（3）施工设计图。

（4）变更设计的证明文件（若有）。

（5）变更设计的实际施工图（若有）。

（6）制造厂提供的主、附件产品中文说明书。

（7）制造厂提供的主、附件产品出厂试验记录。

（8）制造厂提供的主、附件合格证件。

（9）制造厂提供的安装图纸。

（10）运输过程质量控制文件。

（11）监理报告及监理预验收报告。

（12）现场安装及调试报告。

（13）交接试验报告。

（14）设备、特殊工具及备品清单。

9.4.2 避雷器的设备验收

检查避雷器应满足本章的要求。

9.4.2.1 检查设备数量

（1）对照设备清单，检查设备现场配置情况，应与设备清单内容相符。

（2）对照备品清单，检查备品数量，应与备品清单内容相符。

9.4.2.2 检查主要部件来源

（1）对照设备采购技术协议，检查设备主要元件来源，应与协议规定的生产厂家一致。

（2）对照设备采购技术协议，检查设备备品备件来源，应与协议规定的生产厂家一致。

9.4.2.3 外观检查

（1）对照避雷器本体和附件设备清单，检查设备现场配制情况，应与设备清单内容和数量相符。外观清洁、无破损。

（2）铭牌标志清楚，符合 Q/CSG 1 0001—2004《变电站安健环设施标准》要求。

（3）上、中、下节安装顺序和位置正确。

（4）相序标志清晰、正确。

（5）敞开式变电站避雷器和全电流监测装置安装高度大于 2.5m。

（6）外部表面检查无裂纹、无破损变形。

（7）无放电痕迹。

（8）压力释放导向装置应封闭完好，安装方向正确，不能朝向设备、巡视通道，排出的气体不致引起相间或对地闪络，并不得喷及其他电气设备。

（9）油漆完整，接地引下线油漆符合相关规范。

（10）应有两根与主地网不同接地点连接的接地引下线，且每根接地引下线均应符合热稳定的要求。

（11）引线长度合适、接线整齐。

（12）连接线和接地引下线防腐完好，标志齐全、明显。

9.4.2.4 质量检查

1. 避雷器本体安装质量检查

（1）部件规格符合设计要求。

（2）垂直度符合要求，三相应在同一直线上。

（3）本体和底座安装牢固。

（4）接地线连接正确、可靠、规范。

（5）均压环安装牢固、居中水平。

（6）构架接地安装符合规范。

（7）紧固螺栓符合安装要求，户外避雷器宜采用热镀锌紧固螺栓。

（8）站用瓷套式避雷器本体防爆膜保护盖板已拆除。

2. 避雷器泄漏电流表（放电计数器）安装质量检查

（1）接线和安装正确，高度及角度应满足巡视观察要求。

（2）泄漏电流表符合设计要求，指示正确，应归零。

（3）密封性良好。

（4）连接线宜采用软连接，严禁使用裸露编织铜带。

（5）接地引下线规格符合设计要求，接触良好。

3. 引线的安装质量检查

（1）引线规格符合设计要求。

（2）引线无散股。

（3）设备线夹使用符合规范，接触面应打磨光滑。

（4）引线相间距离和对地距离符合规程要求。

（5）连接、紧固螺栓宜采用热镀锌螺栓，安装紧固，规格符合规范。

（6）引线长度适当。

9.4.3　存在问题及整改计划

对检查发现的问题进行整改，并进行重新验收，记录表格详见附录1。

第

10

章

干式电抗器

10.1 适用范围

本章适用于变电站 10 ~ 66kV 干式电抗器的验收管理。

10.2 验收要求

（1）干式电抗器的验收必须按照变电设备验收程序进行。

（2）验收人员根据设计图纸、技术规范和验收文档开展现场验收。

（3）验收中发现的问题必须限时整改并进行复检验收。

（4）验收完成后 3 个月内，必须完成相关图纸的校核修订。

（5）验收完成后 3 个月内，建设部门应将竣工图纸和验收文档移交给变电运行部门，变电运行部门应将其存放在变电站。

（6）工程投产后 3 个月内，必须完成包括工程建设资料、设备交接试验记录、竣工图纸等在内的工程资料的电子文档的移交，具体流程按照 S.00.00.09/G 100-0014-0909-6049《广东电网公司电网工程资料电子化移交管理规定（试行）》要求执行。

10.3 验收前应具备的条件

（1）干式电抗器已施工及安装完毕。

（2）干式电抗器调试及交接试验工作已全部完成。

（3）施工单位应完成干式电抗器自检，监理单位完成预验收，并提供相关验收报告。

（4）干式电抗器的验收文档已编制并经审核完毕。

（5）施工单位应完成施工记录，并提供报告。

（6）施工单位应完成临时竣工图，并提供临时竣工图纸。

10.4　验收内容

10.4.1　干式电抗器的资料验收

（1）一次接线图（含运行编号）。

（2）变更设计的证明文件。

（3）变更设计的实际施工图。

（4）制造厂提供的主、附件产品中文说明书。

（5）制造厂提供的主、附件产品试验记录。

（6）制造厂提供的主、附件合格证件。

（7）制造厂提供的安装图纸。

（8）运输过程质量控制文件。

（9）现场安装及调试报告。

（10）交接试验报告。

（11）设备、特殊工具及备品清单（若有）。

（12）监理报告或监理预验收报告。

10.4.2　干式电抗器的设备验收

检查验收干式电抗器应满足本章的要求。

10.4.2.1　检查设备数量

（1）对照设备清单，检查设备现场配置情况，应与设备清单内容相符。

（2）对照备品清单，检查备品数量，应与备品清单内容相符。

10.4.2.2 外观检查

（1）对新建变电站的干式空心电抗器，应采用品字形布置。

（2）干式电抗器表面洁净无异物，干式电抗器无损伤，外露的金属部分应有良好的防腐蚀层，油漆完整，相序标识清楚。

（3）包封涂层完整无损伤。

（4）匝间撑条排列整齐，无位移、松动、散落现象。

（5）表面涂层应无龟裂、脱落、变色现象，包封表面进行憎水性试验，无浸润现象。

（6）包封表面无发热、变色痕迹。

（7）铭牌参数齐全、正确，安装在便于查看的位置上。

（8）铭牌材质应为防锈材料，无锈蚀。

（9）防雨罩及防雨隔栅应无破损、无松动。

（10）风道清洁、无异物堵塞。

（11）绝缘子清洁、无破损。

（12）接地可靠，无严重锈蚀。

（13）检查引线接头、等电位连接片等导电部位无断股、松焊或连接不良。检查汇流排无变形、裂纹现象，电抗器线圈至汇流排引线无断裂、松焊现象。

（14）出线端子间、支柱绝缘子带电部分对地间的电气距离应符合：10kV 时，为 0.2m；35kV 时，为 0.4m；66kV 时，为 0.7m。

10.4.2.3 质量检查

1．检查本体安装质量

（1）要求干式电抗器基础应水平，本体安装牢固，电抗器线圈绕向符合规范，电抗器按设计要求摆放相序，电抗器包封与支架间紧固带无松动、断裂现象，一次接线板连接螺栓采用非磁性材料，支座紧固并受力均匀，紧固件规格符合规范，安装紧固、无松动现象，电抗器包封间导风撑条完好牢固，铁芯无松动、导电回路接触良好。

（2）电抗器上下叠装时，应在其绝缘子顶帽上放置与顶帽同样大小且厚度小于 4mm 的绝缘纸板垫片或橡胶垫片；在户外安装时，应使用橡胶垫片。

2．检查防雨

防护罩和防雨隔栅无松动和破损现象。

3．检查接地

（1）电抗器基础接地不形成闭合环路。

（2）接地桩安装位置满足技术规范的相关要求，接地桩应焊接于接地极上，焊接牢固可靠，不直接焊接在构架钢筋或设备外壳上。

4．检查引线

要求引线无散股，引线规格符合设计要求，紧固螺栓规格符合规范，紧固螺栓安装紧固，使用线夹符合规范，线夹接触面应打磨平整，相间距离符合规程要求，导线对地距离符合规程要求。

5．构件检查

电抗器周边结构件（框架或护栏）的金属件应呈开环状态，尤其是地下接地体不应呈金属闭合环路状态。

10.4.3　存在问题及整改计划

对检查发现的问题进行整改，并进行重新验收。

第

11

章

电流互感器

11.1　适用范围

本章适用于变电站 35 ~ 500kV 敞开式电流互感器的验收管理。

11.2　验收要求

（1）验收前，验收人员对验收过程中存在的风险进行辨识，制定并落实风险控制措施。

（2）验收人员根据设计图纸、采购技术协议、技术规范和验收文档开展现场验收。

（3）验收中发现的问题必须限时整改，存在较多问题或重大问题的，整改完毕应重新组织验收。

（4）验收完成后，必须完成相关图纸和文档的校核修订。

（5）变电运行单位应将竣工图纸和验收文档存放在变电站。

（6）施工单位将备品、备件移交运行单位。

11.3　验收前应具备的条件

（1）电流互感器已施工及安装完毕。

（2）电流互感器调试及交接试验工作已全部完成。

（3）施工单位应完成电流互感器自检，并提供自检报告、安装调试报告、临时竣工图纸。

（4）电流互感器的验收文档已编制并经审核完毕。

11.4　验收内容

11.4.1　电流互感器的资料验收

新建、扩建、改造的电流互感器应具备以下相关资料，由该项目负责人提供，电子化图纸资料按照 S.00.00.09/G 100–0014–0909–6049《广东电网公司电网工程资料电子化移交管理规定（试行）》要求执行。

（1）一次接线图（含运行编号）。

（2）变更设计的证明文件（若有）。

（3）变更设计的实际施工图（若有）。

（4）制造厂提供的主、附件产品中文说明书。

（5）制造厂提供的主、附件产品试验记录。

（6）制造厂提供的主、附件合格证件。

（7）制造厂提供的安装图纸。

（8）监理报告及监理预验收报告。

（9）现场安装及调试报告。

（10）交接试验报告。

（11）设备技术协议。

（12）设备、特殊工具及备品清单。

（13）施工设计图。

（14）运输过程质量控制文件。

11.4.2　电流互感器的设备验收

检查电流互感器应满足本章的要求。

11.4.2.1　检查设备数量

（1）对照设备清单，检查设备现场配置情况，应与设备清单内容

相符。

（2）对照备品清单，检查备品数量及外观，应与备品清单内容相符。

11.4.2.2 外观检查

（1）要求外观清洁，油漆完整、无裂纹、无破损，硅橡胶套管无龟裂，瓷套管上釉应完整、无放电痕迹、无渗漏油或漏气；铭牌标识清楚、完整。

（2）相色标识清晰正确；油位指示、SF_6压力指示清晰正确，引线长度适中，支架油漆完整，支架接地引下线标示符合规范。

（3）电流互感器本体构架镀锌、焊接工艺符合技术要求，并有明显的接地标识。

（4）接地引线焊接长度符合要求，油漆标识正确完整，外表无锈蚀损伤。

（5）对于喷涂 RTV 涂层的互感器，现场涂覆 RTV 涂层表面要求均匀完整、不缺损、不流淌，严禁出现伞裙间的连丝，无拉丝滴流。

（6）检查接线端子连接部位，金具应完好、无变形、锈蚀，若有异常应拆开连接部位检查处理接触面，并按标准力矩紧固螺栓。

11.4.2.3 质量检查

1. 电流互感器安装质量检查

（1）电流互感器基础应水平、安装牢固、排列整齐；P_1、P_2排列方向正确一致；互感器支架接地应可靠（两点接地）、规范，接地引下线与主接地网的连接应满足设计要求；基础焊接牢固，底座与基础的安装螺栓紧固。

（2）互感器外壳、末屏、铁芯引出接地端子接地良好，电流互感器的备用二次绕组引出端子应短接后接地。

（3）一次串并联接线正确；二次接线端子连接牢固，标识清晰。二次接线盒密封良好，所有封板螺栓应紧固，封板无锈蚀；二次电缆穿管封堵密实。

（4）检查SF_6电流互感器防爆膜是否积水锈蚀。

（5）油位、SF_6压力指示清晰正确，SF_6密度继电器报警压力值符合设计要求，密度计装有防水罩，防水措施良好，并符合厂家要求；连接、紧固螺栓为热镀锌螺栓，规格符合规范，安装紧固。

（6）零序电流互感器的安装，不应使构架或其他导磁体与互感器铁芯直接接触，或与其构成磁回路分支。

2.　膨胀器质量检查

（1）膨胀器运输支架应拆除，投运前应充分排气。

（2）检查膨胀器抽真空注油阀门与顶盖距离是否满足膨胀最高点的运行要求，否则应拆除。

3.　放油阀、SF_6充气阀

放油阀SF_6充气阀密封良好，无渗漏，须安装封盖。

4.　引线安装质量检查

（1）引线规格符合设计要求。

（2）引线无散股。

（3）设备线夹使用符合规范，接触面应打磨光滑。

（4）引线相间距离和对地距离符合规程要求。

（5）连接、紧固螺栓宜采用热镀锌螺栓，安装紧固，规格符合规范。

（6）引线长度适当。

（7）当设备接线端子与设备接线线夹采用铜铝搭接时，应采用铜铝过渡连接。

11.4.3　存在问题及整改计划

对检查发现的问题进行整改，并进行重新验收，记录表格详见附录1。

第12章

第

章

电压互感器

12.1 适用范围

本章适用于变电站 35 ～ 500kV 敞开式电压互感器的验收管理。

12.2 验收要求

（1）验收前，验收人员对验收过程中存在的风险进行辨识，制定并落实风险控制措施。

（2）验收人员根据设计图纸、采购技术协议、技术规范和验收文档开展现场验收。

（3）验收中发现的问题必须限时整改，存在较多问题或重大问题的，整改完毕应重新组织验收。

（4）验收完成后，必须完成相关图纸和文档的校核修订。

（5）变电运行单位应将竣工图纸和验收文档存放在变电站。

（6）施工单位将备品、备件移交运行单位。

12.3 验收前应具备的条件

（1）电压互感器已施工及安装完毕。

（2）电压互感器调试及交接试验工作已全部完成。

（3）施工单位应完成电压互感器自检，并提供自检报告、安装调试报告、临时竣工图纸。

（4）电压互感器的验收文档已编制并经审核完毕。

12.4　验收内容

12.4.1　电压互感器的资料验收

新建、扩建、改造的电压互感器应具备以下相关资料，由该项目负责人提供，电子化图纸资料按照 S.00.00.09/G 100-0014-0909-6049《广东电网公司电网工程资料电子化移交管理规定（试行）》要求执行。

（1）一次接线图（含运行编号）。

（2）变更设计的证明文件（若有）。

（3）变更设计的实际施工图（若有）。

（4）制造厂提供的主、附件产品中文说明书。

（5）制造厂提供的主、附件产品试验记录。

（6）制造厂提供的主、附件合格证件。

（7）制造厂提供的安装图纸。

（8）监理报告及监理预验收报告。

（9）现场安装及调试报告。

（10）交接试验报告。

（11）设备技术确认书。

（12）设备、专用工具及备品清单。

（13）施工设计图。

（14）运输过程质量控制文件。

12.4.2　电压互感器的设备验收

检查电压互感器应满足本章的要求。

12.4.2.1　检查设备数量

（1）对照设备清单，检查设备现场配置情况，应与设备清单内容

相符。

（2）对照备品清单，检查备品数量及外观，应与备品清单内容相符。

12.4.2.2 外观检查

要求外观清洁，油漆完整、无裂纹、无破损，硅橡胶套管无龟裂，瓷套管上釉应完整、无放电痕迹、无渗漏油或漏气；铭牌标识清楚、完整；相色标识清晰正确；油位指示、SF_6 压力指示清晰正确，引线长度适中，支架油漆完整，支架接地引下线标示符合规范。

12.4.2.3 质量检查

1. 电压互感器安装质量检查

（1）电压互感器基础应水平、安装牢固、排列整齐；互感器支架接地应可靠（两点接地）、规范，接地引下线与主接地网的连接应满足设计要求；基础焊接牢固，底座与基础的安装螺栓紧固。

（2）互感器外壳、一次绕组末端、铁芯引出接地端子应接地良好。

（3）二次接线端子连接牢固，标识清晰。二次接线盒密封良好，所有封板螺栓应紧固，封板无锈蚀。

（4）安装相别符合设计要求。

（5）油位、SF_6 压力指示清晰正确，SF_6 密度继电器报警压力值符合设计要求，密度计装有防水罩，防水措施良好，并符合厂家要求；连接、紧固螺栓为热镀锌螺栓，规格符合规范，安装紧固。

2. 放油阀、SF_6 充气阀

放油阀、SF_6 充气阀密封良好，无渗漏，须安装封盖。

3. 引线安装质量检查

（1）引线规格符合设计要求。

（2）引线无散股。

（3）设备线夹使用符合规范，接触面应打磨光滑。

（4）引线相间距离和对地距离符合规程要求。

（5）连接、紧固螺栓宜采用热镀锌螺栓，安装紧固，规格符合规范。

（6）引线长度适当。

（7）当设备接线端子与设备接线线夹采用铜铝搭接时，应采用铜铝过渡连接。

12.4.3　存在问题及整改计划

对检查发现的问题进行整改，并进行重新验收，记录表格详见附录 1。

第

13

章

站用交流电源系统

13.1　适用范围

本章适用于 110kV 及以上变电站站用交流电源系统，包括站用变压器电源、站用变压器、380V 低压配电屏、交流供电网络的新建、扩建和改造工程的验收工作。

13.2　验收要求

（1）验收前，验收人员对验收过程中存在的风险进行辨识，制定并落实风险控制措施。

（2）验收人员根据设计图纸、采购技术协议、技术规范和验收文档开展现场验收。

（3）验收中发现的问题必须限时整改，存在较多问题或重大问题的，整改完毕应重新组织验收。

（4）验收完成后，必须完成相关图纸和文档的校核修订。

（5）变电运行单位应将竣工图纸和验收文档存放在变电站。

（6）施工单位将备品、备件移交运行单位。

13.3　验收前应具备的条件

（1）交流系统已施工及安装完毕。

（2）交流系统的调试及交接试验全部完成。

（3）施工单位应完成交流系统自检，并提供自检报告。

（4）交流系统的验收文档已编制并经审核完毕。

13.4 验收内容

13.4.1 交流电源系统的资料验收

新建、扩建、改造的交流电源系统应具备以下相关资料，由该项目负责人提供，电子化图纸资料按照 S.00.00.09/G100–0014–0909–6049《广东电网公司电网工程资料电子化移交管理规定（试行）》要求执行。

（1）一次接线图（含运行编号）。

（2）设备技术协议（技术确认书）。

（3）施工设计图。

（4）变更设计的证明文件（若有）。

（5）变更设计的实际施工图（若有）。

（6）制造厂提供的主、附件产品中文说明书。

（7）制造厂提供的主、附件产品出厂试验记录。

（8）制造厂提供的主、附件合格证件。

（9）制造厂提供的安装图纸。

（10）监理报告及监理预验收报告。

（11）现场安装及调试报告。

（12）设备、特殊工具及备品清单。

（13）交接试验报告。

（14）运输过程质量控制文件。

13.4.2 交流电源系统的设备验收

检查交流电源系统应满足本章的要求。

13.4.2.1 检查设备数量

（1）对照设备清单，检查设备现场配置情况，应与设备清单内容相符。

（2）对照备品清单，检查备品数量及外观，应与备品清单内容相符。

13.4.2.2 检查主要部件来源

（1）对照设备采购技术协议，检查设备主要元件来源，应与协议规定的生产厂家一致。

（2）对照设备采购技术协议，检查设备备品备件来源，应与协议规定的生产厂家一致。

13.4.2.3 外观检查

1．检查站用变外观

（1）本体安装牢固，所有螺栓应符合力矩紧固要求。

（2）站用电低压系统应采用三相四线制，系统的中性点连接至站用变压器中性点，就地单点直接接地，零线应可靠接地。

（3）检查本体外观完好、无裂纹、无破损、无劣化、无脏污、无渗漏。

（4）冷却装置及所有附件完好，功能正常。

（5）检查套管外观完好、无裂纹、无破损、无劣化、无脏污、无渗漏。

（6）检查抽头挡位选择正确。

（7）检查接头镀银层完整，调压连条紧固完好，相间距离满足运行要求。

（8）通风槽清洁无积尘、异物。

（9）要求储油柜油位指示清晰且正确，油位指示装置无破损、无渗漏油、无变形，进、出油管指示清晰，与本体连接面的螺栓连接应接地良好。

（10）呼吸器与储油柜间的连接管的密封良好，油杯油位正常，呼吸畅通，吸湿剂干燥。

（11）铁芯及夹件接地引出端子应符合设计规范，并接地可靠，端子盖密封完好，无渗漏，清洁无氧化。

（12）测温装置应完好，信号传输正常。

（13）检查套管引线，检查接线端子连接部位，金具应完好、无变形、锈蚀；引线长度应适中，套管接线柱不应承受额外应力；引线无扭结、松股、断股或其他缺陷。

2. 检查电缆外观

（1）外皮无损伤，弯曲半径符合施工要求；电缆头无损伤，无漏液，包扎紧固。

（2）线耳与导线要压接搪锡焊牢，接头部分热缩包牢，接头紧固，搭接面积符合设计要求。

（3）相色正确清晰，铠装接地良好。

（4）检查交流屏内所有电缆牌的标记是否符合要求。

3. 检查交流电源屏外观

（1）铭牌、合格证清晰，符合标准。

（2）型号、规格符合设计要求。

（3）柜体安装整齐，固定可靠，框架无变形。

（4）柜体漆层完好无损，清洁。

（5）柜体接地牢固、良好。

（6）基础型钢允许偏差：不交度小于 1mm/m，水平度小于 1mm/m。

（7）成列安装允许偏差：垂交度小于 1.5mm，盘间接缝小于

2mm。

（8）柜间连接要牢固。

（9）抽屉推拉灵活轻便，无卡阻、碰撞现象，抽屉能互换。

（10）抽屉与柜体间的二次回路连线插件应接触良好。

（11）抽屉与柜体的接触及柜体、框架的接地应良好。

（12）交流柜内回路与回路之间应有隔离措施。

（13）检查屏内使用的电器元件，如开关、按钮等操作灵活。

（14）屏内安装的元器件具有产品合格证，屏柜元件选型和布置等应符合设计图纸要求。

（15）交流屏元件和端子排列整齐、层次分明、不重叠，便于维护拆装。

（16）屏内的各种开关、继电器、仪表、信号灯、光字牌等元器件有相应的文字符号作为标志，并与接线图上的文字符号标志一致，要求字迹清晰易辨、不褪色、不脱落、布置均匀。

（17）屏柜门开闭灵活，开启角不小于90°，门锁可靠。门与柜体之间采用截面不小于 $6mm^2$ 的多股软铜线可靠连接。

（18）当采用抽屉式配电屏时，应具有功能分隔室，同时应设有电气联锁和机械联锁。

（19）每个空气开关宜采用独立隔室，装置小室、母线小室及电缆小室之间采用钢板或高强度阻燃塑料功能板隔离，上下层抽屉之间有带通风孔的金属板隔离，分隔板应具有抗故障电弧的性能。

（20）导体应采用阻燃热缩绝缘护套，所有绝缘材料均要求阻燃。

（21）如果柜内有绝缘子支撑的零序导体，则应检查绝缘子的外观完好，并安装牢固。

（22）基础槽钢应在两端与柜体有明显接地。

4. 检查交流断路器外观

（1）外壳无变形，构件无损伤。

（2）分合闸、储能标识指示清晰正确。

（3）机构操作灵活可靠，一次接头插入可靠，触头无损伤。

（4）小车出入顺畅，无卡阻。

（5）交流断路器的辅助接点工作正常。

（6）机械闭锁功能正常。

（7）油漆完整，相序标志清晰、正确。

5. 检查防雷器外观

（1）外观完整无破损。

（2）所有的防雷器必须经符合要求的空气开关接入。

（3）检查防雷器运行正常。

6. 检查交流母线

（1）检查交流母线排尺寸应符合要求，应排列平行、弯折处应垂直，色标及排列应正确，应连接牢固、固定可靠。

（2）导线连接应牢固可靠，应采用阻燃热缩绝缘护套。

（3）母线不受额外应力。

（4）母线接头接触面平整。

7. 馈线开关的检查

检查馈线开关的规格、容量应符合设计要求，检查馈线开关动作正常，分合闸指示应正确。

13.4.3　存在问题及整改计划

对检查发现的问题进行整改，并进行重新验收，记录表格详见附录1。

第
14
章

站用直流电源系统

14.1 适用范围

本章适用于 110kV 及以上变电站直流电源系统新建、扩建和改造工程的验收工作。

14.2 验收要求

（1）验收前，验收人员对验收过程中存在的风险进行辨识，制定并落实风险控制措施。

（2）验收人员根据设计图纸、采购技术协议、技术规范和验收文档开展现场验收。

（3）验收中发现的问题必须限时整改，存在较多问题或重大问题的，整改完毕应重新组织验收。

（4）验收完成后，必须完成相关图纸和文档的校核修订。

（5）变电运行单位应将竣工图纸和验收文档存放在变电站。

（6）施工单位将备品、备件移交运行单位。

14.3 验收前应具备的条件

（1）变电站直流电源系统（交流输入、充电装置、馈电屏、蓄电池组、监控单元、电压监测、绝缘监察、硅降压回路、蓄电池管理单元等）及其二次回路已按施工图及相关设计变更要求安装完毕。

（2）直流电源系统及其二次回路调试试验工作已全部完成。

（3）依据工程施工及监理合同，施工及监理单位应提交完整齐全的自检报告、安装调试报告、竣工草图、监理报告等技术资料。

（4）直流电源系统及其二次回路的验收文档已编制并经审核完毕。

14.4 验收内容

14.4.1 直流电源系统的资料验收

新建、扩建、改造的直流电源系统应具备以下相关资料，由该项目负责人提供，电子化图纸资料按照 S.00.00.09/G 100-0014-0909-6049《广东电网公司电网工程资料电子化移交管理规定（试行）》要求执行。

（1）一次接线图（含运行编号）。

（2）设备技术协议（技术确认书）。

（3）施工设计图。

（4）变更设计的证明文件（若有）。

（5）变更设计的实际施工图（若有）。

（6）制造厂提供的主、附件产品中文说明书。

（7）制造厂提供的主、附件产品出厂试验记录。

（8）制造厂提供的主、附件合格证件。

（9）制造厂提供的安装图纸。

（10）监理报告及监理预验收报告。

（11）现场安装及调试报告。

（12）设备、特殊工具及备品清单。

14.4.2 直流电源系统的设备验收

检查交流电源系统应满足本章的要求。

14.4.2.1　检查设备数量

（1）对照设备清单，检查设备现场配置情况，应与设备清单内容相符。

（2）对照备品清单，检查备品数量及外观，应与备品清单内容相符。

14.4.2.2　检查主要部件来源

（1）对照设备采购技术协议，检查设备主要元件来源，应与协议规定的生产厂家一致。

（2）对照设备采购技术协议，检查设备备品备件来源，应与协议规定的生产厂家一致。

14.4.2.3　外观检查

1.　检查直流电源屏和蓄电池

（1）检查的设备有：高频开关电源模块、监控单元、硅降压回路、绝缘监察装置、蓄电池管理单元、熔断器、隔离开关、直流断路器、防雷器、交流输入回路等。

（2）检查蓄电池组的型号、容量、蓄电池组电压、单体蓄电池电压、蓄电池个数以及设备制造单位。

2.　检查蓄电池组外观

（1）检查铭牌和合格证应清晰、符合标准。

（2）检查蓄电池组的型号、规格、阻燃性能应满足要求。

（3）检查蓄电池组生产日期、品牌、容量应符合要求。

（4）检查蓄电池的自编号应正确，应粘贴整齐牢固。

（5）检查蓄电池正负极性应正确，检查极性及端子应有明显标识。

（6）检查蓄电池组的安装应平稳、均匀、整齐。

（7）检查蓄电池组表面应清洁干燥无污迹。

（8）检查各个蓄电池应无裂纹、无变形以及密封性良好。

（9）检查极柱应无变形、损坏或腐蚀。

（10）检查排气阀部件应齐全，无破损，无酸雾逸出。

（11）检查蓄电池组的极柱连条安装紧固力矩应达到 11 ~ 12 N/m。

3. 检查蓄电池引出电缆

（1）检查引出电缆的线径应符合设计要求。

（2）检查引出电缆正负极性的标注应正确：引出电缆正极标褐色，负极标蓝色。

（3）蓄电池组正负极引出线应分别采用单芯电缆，引出线应采用铠装阻燃电缆。

（4）蓄电池室内两组蓄电池组正负极引出电缆应分别铺设在各自独立的电缆通道。

（5）蓄电池组的同层蓄电池采用有绝缘护套的连接条连接，不同层的蓄电池间采用电缆连接。

（6）蓄电池组正、负极引出线电缆应连接到蓄电池架上的过渡接线板上。

（7）线耳与导线要压接搪锡焊牢，接头部分热缩包牢。

（8）检查电缆接头外观完好无损伤。

（9）检查电缆孔应封堵良好。

4. 检查蓄电池室

（1）同一个蓄电池室只能安装一组蓄电池。

（2）检查蓄电池室应清洁干燥，通风良好。

（3）检查蓄电池室应安装防爆空调及防爆通风电机，室温应符合要求，应具有遮光措施。

（4）检查蓄电池室应配备防爆灯，事故照明灯。

（5）检查蓄电池室的照明线应暗线铺设。

（6）蓄电池室的开关、插座、熔断器应安装在蓄电池室外。

（7）蓄电池室应设有检修维护通道和消防设施。

（8）蓄电池室门应向外开启。

5. 直检查流屏外观

（1）检查直流屏铭牌、合格证、型号规格应符合要求。

（2）检查柜体安装应整齐，固定可靠，框架无变形。

（3）检查柜体的漆层应清洁无损。

（4）检查柜体接地应牢固良好。

（5）检查开启门应采用裸铜线与接地金属构架可靠连接。

（6）检查直流屏的噪声应符合要求。

14.4.2.4 质量检查

1. 检查蓄电池架

（1）检查蓄电池间距应符合设计要求。

（2）蓄电池组每层安装应不超过两列。

（3）蓄电池架应采用不锈钢材质，安装牢固可靠，外观无损伤、无凹陷变形。

（4）检查蓄电池架应可靠接入地网，接地网处应有防锈措施和明显标识。

（5）检查蓄电池架底脚与地板应连接紧固。

2. 检查蓄电池组的一致性

（1）检查蓄电池组浮充时，单体蓄电池电压偏差值应符合要求。

（2）检查蓄电池组开路运行时，蓄电池组最大最小电压差值应符合要求。

（3）检查蓄电池内阻值应符合要求。

3. 检查蓄电池组的绝缘性能

检查蓄电池组正负极对地绝缘电阻应符合要求。

4. 蓄电池管理单元的检查

记录蓄电池管理单元的软件版本，检查蓄电池管理单元测量单体电压和蓄电池组电流是否准确以及蓄电池编号应与蓄电池的实际编号是否对应，检查蓄电池管理单元是否能够实时测量蓄电池组电压、蓄电池组充放电电流、单体蓄电池端电压、特征点温度等参数，记录表格详见附录 5。

5. 柜体安装的检查

检查基础型钢允许偏差，成列安装允许偏差应满足要求，检查柜间连接应牢固。

6. 检查直流屏电器安装

（1）检查元器件及附件的质量以及安装应符合要求。

（2）检查直流屏上各电器的名称、型号以及运行标识应齐全、清晰。

（3）直流屏上各个元器件应拆装方便。

（4）直流屏的发热器件应安装在散热良好的地方。

（5）检查熔断器规格，自动开关整定值应符合设计要求。

（6）检查直流屏上信号应显示正确，工作可靠。

7. 直流母线的检查

检查直流母线排尺寸应符合要求，应连接牢固，固定可靠，应与导线连接牢固可靠，应采用阻燃绝缘铜母线。

8. 直流屏表计的检查

检查所配表计显示应正确，精度应达到要求；检查校表记录。

9. 直流屏直流开关的检查

检查进线、联络切换开关型号应符合设计要求；检查直流开关应操作灵活，无较大振动和噪声。

10. 直流屏交流输入回路的检查

检查两路交流输入开关应取自不同段交流母线，检查交流电源切换功能应正常。

11. 直流屏充电模块的检查

检查模块电流、电压应显示正常。在监控器失去作用后，检查系统应可在浮充状态下工作。分合模块开关，检查模块应工作正常。

12. 硅降压回路的检查

检查硅降压回路容量应符合要求，检查自动调压功能和手动调压功能应正常。

13. 防雷器的检查

检查防雷器交直流两侧的配置应符合设计要求，检查防雷器的工作应正常，检查防雷器的空气开关及接线应满足要求。

14. 监控单元的检查

（1）检查监控单元的软件版本。

（2）检查监控单元的菜单切换功能和定值设置应符合设计要求。

（3）改变浮充定值及设置均充时，监控器应工作正常。

（4）充电机开停机操作正常。

（5）检查监控单元的模拟量采集功能应正常。

（6）检查定时启动均充及事件记录功能应正常。

（7）检查温度补偿功能应投入，检查测温探头工作异常时报警功能应正常。

（8）检查通信功能的连接以及端口设置应正确。

（9）检查 GPS 对时功能应正常。

（10）检查馈线断路器工作状态监测功能应正常。

15. 直流电源系统重点试验的检查

（1）检查均流试验结果应符合要求。

（2）检查充电装置的稳流精度、稳压精度的试验结果应符合要求。

（3）检查充电装置的限流限压特性应符合要求。

（4）交流电源突然中断，直流母线应连续供电，电压波动不应大于额定电压的 10%。

（5）检查硅降压回路满容量试验结果应符合要求。

（6）检查蓄电池容量试验结果应符合要求。

14.4.3　存在问题及整改计划

对检查发现的问题进行整改，并进行重新验收，记录表格详见附录 1。

第

15

章

中性点接地成套装置

15.1 适用范围

本章适用于 10 ～ 35kV 中压配电系统中性点接地成套装置（以下简称中性点接地成套装置，包括自动跟踪补偿消弧成套装置和中性点小电阻接地成套装置）的验收管理。

15.2 验收要求

（1）验收人员根据技术协议、设计图纸、技术规范和验收文档开展现场验收。

（2）验收中发现的问题必须限时整改，存在较多问题或重大问题的，整改完毕应重新组织验收。

（3）验收完成后，必须完成相关图纸的校核修订。

（4）变电站应保存一份竣工图纸和验收文档。

（5）施工单位将备品、备件移交运行单位。

（6）工程投产后 3 个月内，必须完成包括工程建设资料、设备交接试验记录、竣工图纸等在内的工程资料的电子文档的移交，具体流程按照 S.00.00.09/G 100–0014–0909–6049《广东电网公司电网工程资料电子化移交管理规定（试行）》要求执行。

15.3 验收前应具备的条件

（1）中性点接地成套装置及附件已安装就位并调试合格。

（2）中性点接地成套装置的所有引线和接地引下线全部安装完成。

（3）中性点接地成套装置本体和附件标识符合 Q/CSG 1 0001—2004《变电站安健环设施标准》的要求。

（4）施工单位自检合格，缺陷已消除。

（5）中性点接地成套装置的交接试验合格。

（6）中性点接地成套装置的验收文档、安装调试报告已编制并经审核完毕。

（7）施工图、竣工图、各项调试及试验报告、监理报告等技术资料和文件已整理完毕。

15.4　验收内容

15.4.1　中性点接地成套装置的资料验收

新建、扩建、改造变电站中性点接地成套装置的验收应对全部技术资料进行详细检查，审查其完整性、正确性和适用性，要求项目完整，结果合格，原始数据真实可信。

需具备提交检查的资料及可修改的电子化图纸资料包括：

（1）变电站一次接线图（含运行编号）。

（2）订货技术合同和技术协议（若有）等变更设计的证明文件。

（3）变更设计的实际施工图（若有）。

（4）制造厂提供的主、附件产品说明书。

（5）制造厂提供的主、附件产品试验记录。

（6）制造厂提供的主、附件合格证件。

（7）制造厂提供的安装图纸。

（8）监理报告。

（9）现场安装及调试报告。

（10）中性点接地成套装置本体和附件的交接试验记录及报告。

（11）设备、专用工具及备品清单。

（12）设备技术确认书。

15.4.2　中性点接地成套装置验收

检查中性点接地成套装置应满足本章的要求。

15.4.2.1　检查设备数量

（1）对照设备清单，检查设备现场配置情况，应与设备清单内容相符。

（2）对照备品清单，检查备品数量及外观，应与备品清单内容相符。

15.4.2.2　检查主要部件来源

（1）对照设备采购技术协议，检查设备主要元件来源，应与协议规定的生产厂家一致。

（2）对照设备采购技术协议，检查设备备品备件来源，应与协议规定的生产厂家一致。

15.4.2.3　外观检查

1. 中性点接地成套装置总体外观

（1）对照中性点接地成套装置本体和附件设备清单，检查设备现场配置情况，应与设备清单内容和数量相符。

（2）总体美观、外观清洁。

（3）铭牌标识清楚，符合 Q/CSG 1 0001—2004《变电站安健环设施标准》的要求。

（4）三相相序标识正确，接线端子标识清晰，运行编号完备。

（5）本体及附件齐全，外部表面检查无裂纹，无破损变形。

（6）无放电痕迹。

（7）封口处检查密封良好。

（8）油漆完整。

（9）接地引线长度合适，连接正确、可靠、规范，接线整齐，油漆符合有关规范。

（10）连接线和接地引下线接触良好，防腐完好，标识齐全、明显。

（11）引线长度合适、接线整齐。

（12）设备安装用的紧固件宜采用镀锌制品并符合相关要求，紧固螺栓符合安装要求。

（13）构架基础符合相关基建要求。

（14）备品备件和专用工具齐全。

2.　箱体外观

（1）箱体清洁。

（2）箱体无破损。

（3）箱体无裂纹。

（4）箱体油漆完整。

（5）箱体密封良好。

（6）基础检查。接地变和消弧线圈（或小电阻）基础轨道水平，通过地脚螺栓或地脚架稳固安装，禁止将接地变与基础预埋件直接焊接。

3.　接地变外观

（1）接地变器身清洁。

（2）接地变器身光滑，无破损、无裂纹。

（3）接地变标识清晰、正确，相色标识正确。

（4）接地变压器本体应两点接地，且铁芯和夹件的接地引出套管接地符合技术文件要求。

（5）确认电容型套管末屏已恢复并处于牢固接地状态。

（6）接地变器身油漆完整。

（7）接地变器身无放电痕迹。

（8）油浸式接地变密封良好，无渗漏油，油位指示正确（满足油温曲线）；呼吸器硅胶无受潮。

（9）干式接地变绕组完好，无变形、无位移、无损伤。

（10）套管表面光滑完整，无裂缝、损伤。

（11）套管引线无因受外力作用偏离中心现象。

（12）外壳有明显接地标识。

（13）表面光滑无气泡、无裂纹。

（14）导电零件无生锈、腐蚀痕迹。

（15）裸导体表面无损伤、毛刺、尖角。

（16）散热器或通风槽清洁无积尘、异物。

（17）器顶盖上应无遗留杂物。

4. 电磁锁外观

（1）外观清洁。

（2）无破损。

（3）钥匙编号清晰、正确。

5. 隔离开关操作机构外观检查

（1）外观清洁。

（2）机械闭锁装置无损伤、无锈蚀。

（3）分合闸指示标识清晰。

（4）油漆完整。

6. 高压带电显示装置外观检查

（1）外观清洁、无破损。

（2）功能正常。

7.　消弧线圈外观检查

（1）消弧线圈器身清洁。

（2）消弧线圈器身光滑、无裂纹和受潮现象。

（3）消弧线圈器身无破损。

（4）消弧线圈器身油漆完整。

（5）消弧线圈器身无放电痕迹。

（6）绕组完好，无变形、无位移、无损伤。

（7）套管表面光滑完整，无裂纹、无损伤。

（8）外壳有明显接地标识。

（9）表面光滑平整、无损伤。

（10）导电零件无锈蚀。

（11）裸导体表面平整、无损伤。

（12）散热器或通风槽清洁无积尘、异物。

8.　小电阻外观检查

（1）小电阻器身清洁。

（2）小电阻器身光滑、无裂纹、无损伤和受潮现象。

（3）小电阻器身油漆完整。

（4）小电阻器身无放电痕迹。

（5）支撑绝缘子表面光滑完整，无裂纹、无损伤。

（6）外壳有明显接地标识。

（7）导电零件无锈蚀。

（8）裸导体表面平整、无损伤。

9.　互感器外观检查

外观清洁、无损伤。

15.4.2.4 安装质量检查

成套装置应按照设计图纸进行安装。

1. 箱体安装质量检查

（1）箱体安装垂直。

（2）箱体连接牢固。

（3）箱体接地规范、良好。

（4）箱门可靠接地（应采用铜材接地线）。

（5）箱门与接地变开关柜间电气闭锁可靠。

2. 接地变安装质量检查

（1）器身安装水平、垂直、牢靠。

（2）所有紧固件紧固，户外安装时紧固螺栓宜采用热镀锌螺栓。

（3）一、二次接线端子接触良好、连接紧固，并已预留临时接地位置，导电搭接面接触良好。

（4）接地变接地可靠、规范，油浸式接地变外壳接地引下线与主接地网连接可靠。

（5）接地变铁芯可靠接地。

（6）接地变带电部位相间和对地距离符合规程要求。

（7）调压检查。按设计要求调整调压连片，无要求则置于额定挡。

3. 电磁锁安装质量检查

（1）动作灵活、可靠。

（2）电源指示灯指示正确。

（3）与中性点隔离开关的电气联锁正确可靠。

4. 隔离开关安装质量检查

（1）安装牢固。

（2）操作灵活、可靠。

（3）转动部分加注润滑脂。

（4）动、静触头均匀涂抹凡士林。

（5）机械闭锁操作灵活，可靠。

5. 高压带电显示装置安装质量检查

（1）安装符合规范。

（2）接线正确。

（3）指示正确。

6. 温湿度控制装置安装质量检查

（1）接线符合工艺要求。

（2）装置能正常启动。

（3）测温装置指示工作状态应正确，整定值符合要求。

7. 消弧线圈安装质量检查

（1）器身安装水平、垂直、牢靠。

（2）所有紧固件紧固，户外安装时紧固螺栓宜采用热镀锌螺栓。

（3）一、二次接线端子接触良好、连接紧固。已预留临时接地位置，导电搭接面接触良好，须涂导电膏。

（4）消弧线圈接地可靠、规范。

（5）铁芯无多点接地。

（6）带电部位相间和对地距离符合规程要求。

（7）油浸式消弧线圈密封检查。油浸式消弧线圈密封良好，无渗漏油，套管引线无因受外力作用偏离中心现象，油位合格，硅胶无变色。

8. 小电阻安装质量检查

（1）器身安装水平、垂直、牢靠。

（2）所有紧固件紧固，户外安装时紧固螺栓宜采用热镀锌螺栓。

（3）一、二次接线端子接触良好、连接紧固。应预留临时接地位置，导电搭接面接触良好。

（4）小电阻接地可靠、规范。

（5）带电部位相间和对地距离符合规程要求。

9. 互感器安装质量检查

（1）安装牢固。

（2）电气连接牢靠。

（3）互感器一、二次接线正确、可靠。

15.4.3　存在问题及整改计划

对检查发现的问题进行整改，并进行重新验收，记录表格详见附录1。

第

16

章

母线

16.1　适用范围

本章适用于 35 ～ 500kV 母线的验收和检修工作。

16.2　验收要求

（1）验收人员根据技术协议、设计图纸、技术规范和验收文档开展现场验收。

（2）验收中发现的问题必须限时整改，存在较多问题或重大问题的，整改完毕应重新组织验收。

（3）验收完成后，必须完成相关图纸的校核修订。

（4）变电站应保存一份竣工图纸和验收文档。

（5）施工单位将备品、备件移交运行单位。

（6）工程投产后 3 个月内，必须完成包括工程建设资料、设备交接试验记录、竣工图纸等在内的工程资料的电子文档的移交，具体流程按照 S.00.00.09/G 100-0014-0909-6049《广东电网公司电网工程资料电子化移交管理规定（试行）》要求执行。

16.3　验收前应具备的条件

（1）母线及附件已安装就位并调试合格。

（2）母线和附件标识符合 Q/CSG 1 0001—2004《变电站安健环设施标准》的要求。

（3）施工单位自检合格，缺陷已消除。

（4）母线的验收文档、安装调试报告已编制并经审核完毕。

（5）施工图、竣工图等技术资料和文件已整理完毕。

16.4　验收内容

16.4.1　母线资料验收

新建、扩建、改造变电站母线验收应对全部技术资料进行详细检查，审查其完整性、正确性和适用性，要求项目完整，结果合格，原始数据真实可信。

需具备提交检查的资料及可修改的电子化图纸资料包括：

（1）变电站一次接线图（含运行编号）。

（2）变更设计的实际施工图。

（3）制造厂提供的安装图纸。

（4）开箱验收记录。

（5）监理报告或监理预验收报告。

（6）缺陷处理报告。

（7）现场安装及调试报告。

（8）设备、专用工具及备品清单。

（9）其他资料。

（10）变更设计的证明文件（若有）。

（11）施工设计图。

16.4.2　母线验收

检查母线应满足本章的要求。

16.4.2.1　检查设备数量

（1）对照设备清单，检查设备现场配置情况，应与设备清单内容相符。

（2）对照备品清单，检查备品数量及外观，应与备品清单内容相符。

16.4.2.2 检查主要部件来源

（1）对照设备采购技术协议，检查设备主要元件来源，应与协议规定的生产厂家一致。

（2）对照设备采购技术协议，检查设备备品备件来源，应与协议规定的生产厂家一致。

16.4.2.3 35～500kV及以上电压等级软母线验收

1．导线外观

（1）无松股、无扭结、无散股、无断股、无损伤。

（2）扩径导线不得有凹陷和变形，弯曲度不小于导线外径的30倍。

2．母线弛度

（1）符合设计要求允许误差（+5%/-2.5%），设计无要求时弛度 $f / L = 1/30 \sim 1/15$，最大弛度不应超过对于110kV母线，$f \leqslant 1\text{m}$；对于220kV以上母线，$f \leqslant 2\text{m}$（L 为悬挂点间水平距离，f 为 L 到母线最大距离）。

（2）同一挡距内三相母线弛度一致。相同布置的分支线，其弯度、弛度相同。

3．安全距离

母线装置的安全净距建议引用设计规程或 GB 50149—2010《电气装置安装工程 母线装置施工及验收规范》中的相关规定。

4．采用金具

（1）规格相符，零件配套齐全。

（2）表面光滑，无裂纹、伤痕、砂眼、锈蚀、滑扣，锌层不剥落。

（3）线夹船形压与导线接触面光滑平整，悬垂线夹的转动部分灵活。

5. 软母线连接

（1）软母线与线夹连接采用压接或螺栓连接。

（2）软母线和组合导线在挡距内不得有连接接头，采取专用线夹在跳线上连接，软母线经螺栓耐张线夹引至设备时不得切断。

（3）软母线采用钢制螺栓型耐张线夹或悬垂连接必须缠绕铝包带，其绕向与外层铝股旋向一致，两端露出线头口不超过10mm，端口方向应回线夹内壁。

（4）软母线采用压接型线连时导线伸入线夹的长度应达到规定。

（5）软母线与电器接线端连接不应使电器接线端子受超过允许的外应力。

6. 绝缘子串

（1）除设计原因外，悬式绝缘子应与地面垂直，受条件限制不能满足要求时不应超过5°倾斜角。

（2）多串绝缘子并联时，每串所受张力应均匀。

（3）绝缘子串组合时，联结金具的螺栓、销钉及锁紧销必须符合标准且完整，其穿向一致，耐张绝缘子串的碗口应向上，球头挂环、碗头挂板及锁紧销等应相匹配。

（4）弹簧销应有足够弹性，闭口销必须分开，不得有折断或裂纹，严禁用线材代替。

（5）均压环屏蔽环等保护金具应安装牢固，位置正确，绝缘子串应清擦干净。

16.4.2.4 35～220kV 及以上电压等级铝质管形硬母线验收

1. 外观验收

母线外观应光洁平整，无裂纹、折皱、变形、扭曲。

2. 伸缩间隙检查

根据段母线的长度、材料热伸缩率以及安装时的环境温度，正确设置伸缩间隙。

3. 绝缘支柱

（1）外观瓷件无裂纹破损污垢，胶合处结合牢固。

（2）母线固定金具与支柱固定应平整牢固，不应使母线受额外应力，不应与其他支持金具形成闭合磁路，无棱角和毛刺。

（3）滑动式支持器的轴座与管母线之间有 1 ~ 2mm 的间隙，上压板与母线保持 1 ~ 1.5mm 的间隙。

（4）支柱叠装，中心线应一致、固定牢固、紧固件齐全。

4. 母线的安装

（1）同相管段轴线应处于同一个垂直面上，三相母线相互平行。

（2）母线终端有防晕装置，其表面光滑平整。

（3）母线终端应装有均压球，均压球应安装牢固，相色正确。

（4）伸缩节头不得有裂纹、断股和折皱现象，其总截面不小于母线截面的 1.2 倍。

（5）焊接应对口平直，弯折不大于 0.2%，中心线偏移不大于 0.5mm，对接焊口上部应有 2 ~ 4mm 加强高度。焊缝表面无肉眼可见的裂纹、凹陷缺肉、未焊透、气孔夹渣等缺陷。

（6）咬边深度不得超过母线厚度的 10%，其总长度不超过焊缝总长度的 20%，严禁用内螺纹管接头或锡焊接，离支持绝缘子或其他设备母线夹板边缘不小于 50mm。

（7）螺帽应置于维护侧，螺栓长度宜露出螺母 2 ~ 3 个螺纹，螺栓力矩应符合标准，见表 16-1。

表 16-1　螺栓力矩标准（适用于螺栓硬度等级 4.8 级）

螺栓规格	力矩值 /（N·m）	螺栓规格	力矩值 /（N·m）
M8	8.8 ~ 10.8	M16	78.5 ~ 98.1
M10	17.7 ~ 22.6	M18	98.0 ~ 127.4
M12	31.4 ~ 39.2	M20	156.9 ~ 196.2
M14	51.0 ~ 60.8	M24	274.6 ~ 323.2

（8）相色漆标识、位置正确，连接处边 10mm 以内地方不应刷漆。

（9）π 架 / 横梁基础接地线数量足够，材质、焊缝、颜色等符合规范。

16.4.2.5　矩形母线

1.　矩形母线外观检查

（1）母线表面应光洁平整，不应有裂纹、破损及变形、扭曲现象。

（2）成套供应的金属封闭母线、母线槽的各段应标志清晰、附件齐全，外观应无变形，内部应无损伤。

（3）绝缘子上固定母线的夹板通常都用钢材料制成，不应使其形成闭合磁路。

（4）母线平弯 90° 时：母线规格在 50mm×5mm 以下的，弯曲半径 R 不得小于 $2.5h$（h 为母线厚度）；母线规格在 60mm×5mm 以上的，弯曲半径 R 不得小于 $1.5h$。

（5）母线立弯 90° 时：母线在 50mm×5mm 以下的，弯曲半径 R 不得小于 $1.5b$（b 为母线宽度）；母线在 60mm×5mm 以上的，弯曲半径 R 不得小于 $2b$。

（6）母线扭转（扭腰）90° 时：扭转部分长度应大于母线宽度 b 的 2.5 倍。

（7）热塑套包扎、油漆完整，且距离搭接处不得小于 10mm。

（8）一般在母线与主变端子、穿墙套管处必须装设伸缩接头。伸缩节不得有裂纹、断股和折皱现象，伸缩节的总截面积应不小于母线截面积的1.2倍。同时，硬母线长度超过30m时应设置一个伸缩节，通常情况下220kV电压等级每两个间隔设置一个，110kV电压等级每两个间隔或三个间隔（包含母线端部间隔）设置一个，该条款适用于管形硬母线。安装在不同基础的矩形母线，其连接处需安装伸缩节。

（9）母线为多层导体同相设计时，层间安装应使用10mm非导磁材质隔板隔开。

（10）矩形母线支撑绝缘子安装间隔应不大于1.2m。

（11）支撑绝缘子安装位置与母线接头的距离应不小于50mm。

2. 矩形母线搭接面处理检查

母线与母线、母线与分支线、母线与电器接线端子搭接，其搭接面的处理应符合下列规定：

（1）经镀银处理的搭接面可直接连接。

（2）铜与铜的搭接面，室外、高温且潮湿或对母线有腐蚀性气体的室内应搪锡；在干燥的室内可直接连接。

（3）铝与铝的搭接面可直接连接。

（4）钢与钢的搭接面不得直接连接，应搪锡或镀锌后连接。

（5）铜与铝的搭接面，在干燥的室内，铜导体应搪锡；室外或空气相对湿度接近100%的室内，应采用铜铝过渡板，铜端应搪锡。

（6）金属封闭母线螺栓固定搭接面应镀银。

（7）搭接面应用塞尺检查。

（8）搭接面加工孔径、孔距应满足规范要求。

16.4.3　存在问题及整改计划

对检查发现的问题进行整改，并进行重新验收，记录表格详见附录 1。

17 第章

STATCOM

17.1 适用范围

本章适用于安装在户内或户外并运行在频率为 50Hz、额定电压为 35kV 的系统中的 STATCOM（即链式静止无功补偿器）的验收管理。

17.2 验收要求

（1）验收前，验收人员对验收过程中存在的风险进行辨识，制定并落实风险控制措施。

（2）验收人员根据设计图纸、采购技术协议、技术规范和验收文档开展现场验收。

（3）验收中发现的问题必须限时整改，存在较多问题或重大问题的，整改完毕应重新组织验收。

（4）验收完成后，必须完成相关图纸和文档的校核修订。

（5）变电运行单位应将竣工图纸和验收文档存放在变电站。

（6）施工单位将备品、备件移交运行单位。

17.3 验收前应具备的条件

（1）STATCOM 处于检修状态，照明、通风、空调、消防、水冷、通信系统工作正常。

（2）测试仪器和仪表准备完成。

（3）各安全防护措施已完成。

17.4　验收内容

17.4.1　STATCOM 的资料验收

新建、扩建、改造的 STATCOM 应具备以下相关资料，由该项目负责人提供，电子化图纸资料按照 S.00.00.09/G100–0014–0909–6049《广东电网公司电网工程资料电子化移交管理规定（试行）》要求执行。

（1）一次接线图（含运行编号）。

（2）设备技术确认书。

（3）施工设计图。

（4）变更设计的证明文件。

（5）变更设计的实际施工图。

（6）制造厂提供的主、附件产品说明书。

（7）制造厂提供的主、附件产品出厂试验记录。

（8）制造厂提供的主、附件合格证件。

（9）制造厂提供的安装图纸。

（10）运输工程质量控制文件。

（11）监理报告和监理预验收报告。

（12）现场安装及调试报告。

（13）设备、特殊工具及备品清单。

17.4.2　STATCOM 的设备验收

检查 STATCOM 应满足本章的要求。

17.4.2.1　检查设备数量

（1）对照设备清单，检查设备现场配置情况，应与设备清单内容

相符。

（2）对照备品清单，检查备品数量及外观，应与备品清单内容相符。

17.4.2.2　检查主要部件来源

（1）对照设备采购技术协议，检查设备主要元件来源，应与协议规定的生产厂家一致。

（2）对照设备采购技术协议，检查设备备品备件来源，应与协议规定的生产厂家一致。

17.4.2.3　阀体本体检查

（1）检查阀塔表面应无灰尘、污渍。

（2）检查阀塔水管上面应无浮尘、污垢。

（3）检查光纤应无损坏，接入应牢固可靠。

（4）检查阀塔水管的等电位针完好无损。

17.4.2.4　阀组通电实验

（1）每个阀组先用一路电源供电，在监控屏查看单元应状态良好。

（2）退出第一路电源，在用第二路电源供电，在监控屏查看单元应状态良好。

17.4.2.5　开关电源检查

（1）检查开关电源外观应无生锈和破损现象。

（2）检查开关电源接线的固定螺栓应紧固完好。

（3）将开关电源上电，检查开关电源输入和输出电压应正常，H桥所用开关电源应按照比例进行抽检。

17.4.2.6　电池检查

（1）检查直流屏和 UPS 电池外观应清洁、无漏液。

（2）检查电池极柱应无盐结晶体，若有老化的凡士林，应清洁后重新涂抹均匀。

（3）检查电池极柱螺丝应无松动和脱落现象。

（4）测试直流屏和 UPS 的单体电池电压应在合格范围。

17.4.2.7　螺栓力矩检测

STATCOM 所有紧固螺栓均应进行力矩紧固抽检（抽检比例为 20%），力矩值参照国家标准。

17.4.2.8　绝缘特性检查

（1）检查支柱绝缘子及换流阀支架应完好。

（2）测量支柱绝缘子及换流阀支架绝缘强度（使用 2500V 兆欧表），绝缘电阻应符合国家标准。

（3）分别测量各组阀塔支柱绝缘子及换流阀支架绝缘强度，绝缘电阻应符合国家标准。

17.4.2.9　水冷系统检查

（1）检查水冷系统的各项参数应正常，符合运行标准。

（2）检查水冷系统水管接口处应无漏水情况，检查法兰连接处密封胶圈应无老化、破损等现象，氮气回路应密封良好无渗漏，氮气瓶压力正常，满足运行要求，缓冲罐相关阀门应密封良好、无渗漏。

（3）检查主过滤器进出口压力差应符合标准。

（4）补水箱内部应清洁无污垢，自动排气应工作正常、无渗漏。

（5）水冷仪表与后台水冷运行数据应一致。

（6）水冷电机应适当润滑。

（7）散热片应清洁干净、无锈蚀。

（8）水泵应运行正常，无异响，主泵轴套密封性良好。

（9）检查水冷系统的止回阀应符合运行要求。

（10）水冷系统风机应运行正常。

（11）所有阀门阀杆应密封良好、无渗漏。

（12）电加热器应运行正常。

（13）管道系统接地、仪表接地、屏柜接地均良好。

（14）检查循环回路流量符合运行要求。

（15）管道系统法兰、阀门螺栓应紧固良好，过滤器、主泵、离子罐螺栓应紧固，管道系统固定架构应固定良好。

17.4.3　存在问题及整改计划

对检查发现的问题进行整改，并进行重新验收，记录表格详见附录1。

第18章

绝缘子和穿墙套管

18.1　适用范围

本章适用于高压绝缘子及 35kV 及以上穿墙套管验收的项目和标准。

18.2　验收要求

（1）验收前，验收人员对验收过程中存在的风险进行辨识，制定并落实风险控制措施。

（2）验收人员根据设计图纸、采购技术协议、技术规范和验收文档开展现场验收。

（3）验收中发现的问题必须限时整改，存在较多问题或重大问题的，整改完毕应重新组织验收。

（4）验收完成后，必须完成相关图纸和文档的校核修订。

（5）变电运行单位应将竣工图纸和验收文档存放在变电站。

（6）施工单位将备品、备件移交运行单位。

18.3　验收前应具备的条件

（1）绝缘子、穿墙套管已施工及安装完毕。

（2）绝缘子、穿墙套管相关交接试验工作已全部完成。

（3）施工单位应完成自检，并提供自检报告、安装调试报告、临时竣工图纸。

（4）具备安装使用说明书、出厂试验报告、合格证。

18.4　验收内容

18.4.1　绝缘子和穿墙套管的资料验收

（1）一次接线图（含运行编号）。

（2）设备技术协议（技术确认书）。

（3）施工设计图。

（4）变更设计的证明文件（若有）。

（5）变更设计的实际施工图（若有）。

（6）制造厂提供的主、附件产品说明书。

（7）制造厂提供的主、附件产品试验记录。

（8）制造厂提供的主、附件合格证件。

（9）制造厂提供的安装图纸。

（10）监理报告和监理预验收报告。

（11）交接试验报告。

（12）设备、特殊工具及备品清单。

18.4.2　绝缘子和穿墙套管的设备验收

检查绝缘子和穿墙套管应满足本章的要求。

18.4.2.1　检查设备数量

（1）对照设备清单，检查主、附件设备情况，应与设备清单内容相符。

（2）对照备品清单，检查备品数量及外观，应与备品清单内容相符，检查主要部件来源。

18.4.2.2　检查主要部件来源

（1）对照设备采购技术协议，检查设备主要元件来源，应与协议规定的生产厂家一致。

（2）对照设备采购技术协议，检查设备备品备件元件来源，应与协议规定的生产厂家一致。

18.4.2.3 绝缘子与穿墙套管检查

（1）绝缘子与穿墙套管瓷件、法兰应完整无裂纹，胶合处填料完整，结合牢固。

（2）绝缘子与穿墙套管应试验合格。

（3）安装在同一平面或垂直面上的支柱绝缘子或穿墙套管的顶面，应位于同一平面上，其中心线位置应符合设计要求。

（4）支柱绝缘子和穿墙套管安装时，其底座或法兰盘不得埋入混凝土或抹灰层内。支柱绝缘子叠装时，中心线应一致，固定应牢固，紧固件应齐全。

（5）三角锥形组合支柱绝缘子的安装，除应符合有关规定外，应同时符合产品的技术要求。

（6）无底座和顶帽的内胶装式的低压支柱绝缘子与金属固定件的接触面之间应垫以厚度不小于 1.5mm 的橡胶或石棉纸等缓冲垫圈。

18.4.2.4 悬式绝缘子安装检查

（1）多串绝缘子并联时，每串所受张力应均匀。

（2）绝缘子串组合时，联结金具的螺栓、销钉及锁紧销等必须符合现行国家标准，且应完整，其穿向应一致，耐张绝缘子串的碗口应向上，绝缘子串的球头挂环、碗头挂板及锁紧销等应互相匹配。

（3）弹簧销应有足够弹性，闭口销必须分开，并不得有折断或裂纹，严禁用线材代替。

（4）均压环、屏蔽环等保护金具应安装牢固，位置应正确。

（5）绝缘子串安装前应清擦干净。

18.4.2.5　穿墙套管安装检查

（1）安装穿墙套管的孔径应比嵌入部分大 5mm 以上，混凝土安装板的最大厚度不得超过 50mm。

（2）额定电流在 1500A 以上的穿墙套管直接固定在钢板上时，套管周围不应形成闭合磁路，钢板应有明显接地。

（3）穿墙套管垂直安装时，法兰应向上，水平安装时，法兰应在外，倾斜不大于 5°。

（4）600A 及以上母线穿墙套管端部的金属夹板（紧固件除外）应采用非磁性材料，其与套管导体应接触良好，接触应稳固，金属夹板厚度不应小于 3mm。

（5）充油套管水平安装时，其储油柜及取油样管路应无渗漏，油位指示清晰，注油和取样阀位置应装设于巡回监视侧，注入套管内的油必须合格。

（6）套管接地端子及不用的电压抽取端子应可靠接地。

附录

附录 1　存在问题及整改计划填写表格

序号	问题发现时间	负责人	存在问题	建议整改措施	要求完成时间	复检是否合格
1						
2						
3						

附录 2　断路器特性测量记录表

断路器厂家 / 型号		测量仪器型号			
断路器运行编号		温度 / 湿度			
测量时间		测量人员			
序号	测试项目	技术要求	测试结果		
			A	B	C
1	分闸时间 /ms				
2	相间分闸不同期 /ms				
3	合闸时间 /ms				
4	相间合闸不同期 /ms				
5	合闸弹跳 /ms				
6	合闸速度 /（m/s）				
7	分闸速度 /（m/s）				
8	触头开距 /mm				
9	超行程 /mm				
10	小车触头插入深度 /mm		上： 下：	上： 下：	上： 下：
11	重合闸（分）/ms				
12	重合闸（合）/ms				
13	重合闸（分）/ms				
14	重合闸无流时间 /ms				
15	重合闸金属短接时间 /ms				
16	分闸最低动作电压 / V（30% ~ 65%）额定电压连续三次动作正常视为合格				
17	合闸最低动作电压 / V（85% 额定电压）连续三次动作正常视为合格				

附录 3　GIS 空气压力系统验收表格

空气压力开关试验

空气压缩系统名称 / 运行编号		气站生产厂家 / 型号	
日期		测试人员	
测试项目	内容	技术要求 / 温度： 20℃	测试结果
低压力报警 /MPa	动作		
	复归		
低气压闭锁 /MPa	动作		
	复归		
重合闸闭锁 /MPa	动作		
	复归		
启动值 /MPa			
停止值 /MPa			

附录 4　GIS 隔离开关机械特性验收表单

运行编号		生产厂家 / 型号		
测试人员		测试时间		
测试仪器型号		外观样冲位核准 / mm	A:　B:　C:	
测试项目	技术要求	测试结果		
		A	B	C
分闸时间				
相间分闸不同期				
合闸时间				
相间合闸不同期				
轴密封杠杆及停止螺栓的间隙		合:		
辅助限制开关的摩擦深度		合:		

附录 5 蓄电池组核容表格

变电站名称		蓄电池组编号	
厂家 / 型号		温度	
仪器型号			
工作人员		日期	
开始时间		结束时间	

总电压

序号	放电前	1h	2h	3h	4h	5h	6h	7h	8h	9h	10h
1											
2											
3											
4											
5											
6											
7											
8											
9											
10											

......

附录 6　蓄电池组内阻值表格

变电站名称			蓄电池组编号		
仪器型号			温度		
型号			厂家		
工作人员			日期		
序号	电压/V	内阻/mΩ	序号	电压/V	内阻/mΩ
1			11		
2			12		
3			13		
4			14		
5			15		
6			16		
7			17		
8			18		
9			19		
10			20		

......